孫子的人生哲學

——謀略人生

《中國人生叢書》前言

中國聖賢是一個神聖的群體。他們是思想智慧的化身，道德行為的典範，進取成功的象徵。他們或者以自己的思想學說影響歷史，併構成民族性格與靈魂；或者他們本身即親身創造歷史，留下光照千秋的業績。

但歲月流轉，時代阻隔，語言亦發生文句變化。更不用說人生代代無窮已，歷來學問家詮釋演繹聖賢學說，形成衆多門戶相左的學派，同時又相應神化聖賢事跡。於是，聖賢便高居雲端，使常人可望不可及，只能奉為神明，頂禮膜拜。

然而，消除阻隔，融匯古今，無論學問思想，或者智勇功業，如此二者常常並不是分離的，且必然是人生的，為社會人生而存在的。這就是聖賢學說、智略、勇氣、運籌、奔走、苦鬥、成功的經驗、失敗的教訓，乃至道德文章，行為風範，也體現為一種切實的人生。因為聖者賢者也是人。

這是一種存在，無須多說甚麼。但存在對每一個人並不意味著親切，也不意味著自覺。我想聖賢人生與我們這些凡夫俗子的人生加以聯繫。聖賢不正是一個凡夫俗子，經許多努力，經許多造就，才成其為聖者賢者的嗎？

當然還有一個重要方面，時世使然矣，這就是歷經漫漫千年的中古時代，又歷經憂患求索的百年近代，世界文化已在衝擊中國人的生存方式。該如何確立中國人的人生路，我總認為無論是作為一種一脈相承的文化淵源，還是作為一種參照與啟迪都莫如了解中國聖賢人生，莫如將我們平凡的人生從聖賢人生與學說找到佐證，找到圭臬。所謂古人不見今時月，今月曾經照古人。正是由此理解，由此思忖，我嘗試撰寫了《莊子的人生哲學》，問世以來即引起讀者的關注與歡迎。並且成為我組織一套《中國人生叢書》的直接引線。

我大致想好了，依然如《莊子的人生哲學》一樣，一書寫一聖賢人物。我還不揣譾陋，以我的《莊子的人生哲學》為範本，用一種隨筆的文體與筆調，古今結合，史論結合，聖賢人生與凡生結合，我還要求每一位作者對他所寫的聖賢人物，結合自己的人生閱歷對聖賢寫出獨特的人生體驗。我請了我的多位具卓越才識的朋友，他們都極熱心地加盟這套書的寫作，並至順利完成。

現在書將出版了，我需感謝我的朋友們，感謝出版社，希望更多的讀者喜歡他。

揚帆

《中國人生叢書》前言附語

《中國人生叢書》原先所寫的對象具為中國歷史上聖賢人物的人生哲學，如老莊、孔、孟等。因之《中國人生叢書》前言亦是交代這一部分書若干種的來由。

實際「中國人生」是一個涵蓋更為豐富廣闊的概念，這是明白的。因之，揚智文化事業股份有限公司的葉忠賢先生擬擴大它的規模，至少在內涵上應與「中國人生」更相符合些，這是自然的。無論是循名責實，還是作為實業上的某種建樹，出版者這樣想都是順理成章的。當然，從讀者這方面考慮，中國人文史漫漫數千年，寫人生哲學也不應只有這幾位聖賢人物，應該給讀者更廣闊的視野，更寬廣的精神空間。此亦情理之中的事。如此，本叢書又引進《曹操的人生哲學》、《李白的人生哲學》、《袁枚的人生哲學》等諸種，相應說明如下：

1.原來《中國人生叢書》聖賢諸種再加現在諸種，即為《中國人生叢書》的全部。

2.後續所加人物，其人生品格與聖賢是有差別的，這一點不言自明。

3.為保持此叢書的形式統一，前言不變，特加此「附語」加以說明，亦祈讀者諸君明鑑。

揚帆

於廣濟居

目錄

孫子的謀略

話說孫子

歷史迷茫說孫子

法國大革命時，一位貴族出身的歷史學家閉門專心致志寫歷史書。有一天，窗外發生了爭吵，他伸頭朝外觀察了好一會兒，明白了情況之後，就又埋頭著作。第二天，他的朋友來訪。朋友告訴他，昨天他家外面發生了一場爭吵。他說知道，並講述了爭吵的起因、過程，還評論了爭論雙方誰有理、誰無理。朋友聽完後，認爲他說的不對，並說明爭吵的眞正起因是什麼、實際情形又怎樣、而爭吵雙方誰有理、誰無理則與他說的正好相反。歷史學家強調，我就是事件的目擊者；而朋友卻鄭重說明，我就在爭吵的人群中。於是兩人各執己見、互不相讓，久久地爭論了一番。朋友走後，歷史學家陷入了痛苦的沉思中：時間是昨天，地點在窗外，事情就發生在鼻子底下，而且自己還親自目睹了事情的全部過程。可是自己卻無法陳述令人信服的客觀眞象，評判不了是非曲直。更何況時間早已過去、事件已成陳跡、自己又絕無可能再目睹的歷史呢？於是他一邊流淚一邊把己寫好的歷史著作手稿全部投入火爐中。

歷史如此，歷史人物亦如此。人是最難說清楚的。世界上最大的謎就是人，同時代的人物，你很難說清楚。即使是你身邊最熟悉的人物，你也未必能說得清楚。世界上沒有兩片完全相同的樹葉。更不可能有兩個完全相同的人。不相同就注定了一個人不可能完全了解另一個人。如果一個人完全了解另一個人，那麼他就不是自己而是他人了。所以西方哲學、文學中所竭力要表達的人與人之間的陌生或隔膜感其實是有一定道理的。有這種陌生感、隔膜感，才使個體的人獨立存在，而不至於消解在芸芸衆生中。換言之，你能說清楚你自己嗎？你說不清楚自己，你才有超越自己、塑造自己的機會；說不清楚自己，才有實踐人性、創造生活的可能，人生才有讓你永不停息地去追求的意義存在。如果你完全說清楚了自己，你就凝固、永恆了，也就結束了。你連自己都說不清楚，你怎麼能指望去說清楚別人、說清楚古人、說清楚孫子呢？

孫子無疑有他豐富多采的精神世界，有他複雜隱密的思想感情。但任何歷史人物都無法逃脫一種不幸命運，即是最終不得不沉澱在一種物化形式——史料中。孫子當然也如此。形成孫子人格底層基礎的許多東西，如活生生的感覺、極易激動的情緒、瞬息間忽生忽滅的閃念、幽暗而又無時不起作用的潛意識等，儘管有一些凝結在史料裡，但更多的東西卻被時間無情吞沒。我們從此很難再感受到它們。我們也沒有任何可能去發掘出這些消失在茫茫歷史長河裡，從此了無痕跡的東西。我們有一個錯覺，以爲史料就是活生生的人，以爲有足夠的史料就能寫出一個歷史人物。其實，眞正寫出一個歷史人物，我們還需要許多東西，需要一種超越時空的領悟、需要一種來自人生豐富閱歷的「前理解」、需要民族精神傳承的神秘啓迪、需要基於共同人性的深厚「同情」……我怕自己並不具備這些。身爲孫子幾千年的後代，我怕辱沒了自己的古代先賢。所以我說，話說孫子不容易。

話說孫子也不難。

胡適曾說，歷史是一位任人打扮的小姑娘。這句話引起了國人的強烈批判。仔細一想，此話也並非絕無道理。既然是歷史，它就已經不再以實體的形式存在（此乃就生命本體而言，非指由生命力轉化而來的歷史遺存或古代文物。就好比我們所說的有血有肉的生命體已不復存在，而不是說連屍體、骨灰也不存在一樣)。既然它已存在過，也就不會全然消失。歷史總是現實的過去，就如同現實將成為未來的過去一樣。歷史存在於現實社會裡，存在於民族文化中，存在於每一個生命體的心理中。在現實社會裡，每一個人由於其遺傳基因、生存狀態、生活經歷、及所處社會位置的不同，所以他對社會所作的理解也必然與他人不盡相同。這種命定的不同是天經地義、無可厚非的。然而，每個人對社會的理解不就是對現實的一種「打扮」嗎？如果現實時時刻刻都在「任人打扮」，歷史當然更加成為一位「任人打扮的小姑娘」了。需要說明的是，「任人打扮」並不是人可以「任意打扮」。一個人想這麼理解歷史就這麼理解歷史，想那樣理解就可以那樣理解，這是不可能的。不記得誰說過這麼一句哲理：人的思想一點也不比人的行動有更多的自由。

西方有句名言：有一千個觀衆就有一千個哈姆雷特。我們同樣可以說：有一千個讀者就有一千個孫子。我總覺得，歷史人物未必就比藝術人物更具有人們所想像的那種客觀性。所謂客觀性，不過就是人們在認識上達成的一種共同性。這種共同性的基礎不只來自「自在之物」，而且還來自共通的人性、共通的遺傳、共通的經歷及思維方式。你不思考他，你怎麼可以說他存在？另一方面而言，過去我們總認爲只有消除了時代局限和個人偏見才可以談論一個歷史人物。但我們都明瞭，任何時代、任何個人對一個歷史人物的認識，總是囿於局限和存有偏見的。我們的認識甚至是以這種局限和偏見爲基礎，倘若取消了這個基礎，也就取消了任何認識。你如何去想像不與時代觀念和個人經歷相聯系的一種超越時空、超越具體感性的「純粹」認識。能夠作這種「純粹」認識的，只有上帝。我知道我對孫子的認識一定會有個人的偏見存在，會有許多錯誤。但這並沒關係，畢竟我談的只是我自己心目中的孫子，只要我眞切感覺到那就可以了。

一部著作，比如說《孫子兵法》，爲什麼被一代又一代的人研讀、可以永久流傳呢？不少人認爲：這是因爲書本身潛藏著一些深奧的思想內涵，後人研讀它，就是要發掘出其本來就固有的、但卻潛藏得很深的寓意。我以爲這是一個誤解。其一，既然其思想內涵本身固有，那麼任何研讀者就必須以理解這一思想內涵作爲研讀的前提，否則就談不上眞正的研讀，也無從研讀；但我們都知道，身爲研讀者之所以研讀，就是爲了要發掘其中固有的思想內涵。假使反道行之，研讀者便會陷入迷霧中：目的成了前提，前提即是目的。其二，只要其思想內涵本身已經固有，那麼經過一代又一代人的發掘，它必然就有開採完的時候，如果已經開採完畢，那麼如何能夠繼續流傳、又怎麼能夠存在下去，它的流傳、存在又有什麼意義呢？所以我認爲，一部著作之所以能夠流傳下去，不僅是因爲它代表了一個時代的思想、顯示了一個偉人的智慧，而且是因爲一代又一代人對它做出不同的解釋。正因爲有不同時代、不同感受的歷代研讀者對它作出了不同的解釋，所以使得此一著作常讀常新、常用常活。解釋使它獲得了一種開放性，獲得了永久的生命。而我在這裡所作的也是一種解釋。

話說孫子，可以說是在進行心靈的交流。與古代聖賢對話，有一種輕鬆、自在感。孫子再也沒有古聖賢的威嚴和架子，好話壞話都聽得進去；我也不必有任何忌諱和心理障礙。我不必口口聲聲稱他爲老人家，也無需在指名道姓時存著恐懼的心理。我可以做到知無不言，言無不盡；孫子則能做到言者無罪、聞者足戒。即使我有許多地方說錯了，他老人家在天之靈也只會在冥冥之中對我寬宥地一笑了之。畢竟我是他數千年後的一個炎黃子孫。所以我說，話說孫子也不難。

孫子其人

話說一個歷史人物，當然要根據史料。遺憾的是，關於孫子的史料卻不多。這使我們在話說他時會有一些猜測的成分。孫子名武，字長卿。生卒年月已無可考。春秋末期人，大約與孔子同時。他誕生於齊國樂安（今山東惠民縣）。據《新唐書‧宰相世系表》和鄭名世的《古今姓氏書辨證》記載，其祖陳完，於周惠王五年（前六七二年）因陳國內亂逃亡到齊國後，改姓田氏。時齊桓公在管仲的輔佐下成爲春秋第一代霸主。田完任齊國「工正」（管理手工業生產）之職。再下傳四世，田桓子作爲齊國新興勢力的代表人物，田氏的力量日益強大。田桓子的八子孫田書就是孫武的祖父，他在齊景公時居大夫之職，因在一次攻打莒國的戰爭中立下戰功，景公便將樂安封給他，作爲他的采邑，並賜姓孫氏，以示獎勵。春秋時代，「姓」是全族的共同稱號，而「氏」則是這一族中某一支派的稱號，所以田書是屬於「田」姓中的「孫」支。後人姓氏不分，於是就把「孫」作了孫武的姓。周景公十三年（前五三二年）夏，齊國新舊勢力之間發生了一次激烈的戰爭。這場戰爭史稱齊國「四姓之亂」。在這場戰爭中，田氏聯合鮑氏，打敗了以欒氏、高氏爲代表的舊貴族勢力。

「四姓之亂」後，孫武離開齊國故土，來到南方新興的吳國，在都城姑蘇（今蘇州）「僻隱深居」。並在這裡與因受楚王迫害而逃到此地的伍子胥結成知交。周敬王四年（前五一六年），吳國發生了一個重大政治事件，吳公子光指使伍子胥推荐的勇士專諸，刺殺吳王僚，奪取王位。他就是吳王闔閭。當時的吳國比中原各國落後，且長期遭受強大楚國欺凌。闔閭是一位勵精圖治，奮發圖強的君王，他「食不二味，居不重席，室不崇壇，器不彤縷」，不貪圖享受，一心要振興吳國。伍子胥深知吳王的抱負、思賢若渴的心情，同時也了解孫武是一位不可多得的軍事天才，於是就把孫武推薦給吳王，並在一天之內，連續推薦七次。吳王聽後，決定召見。於是孫子帶著他寫的《孫子兵法》去見吳王。這次會見引出了一則十分精彩而又令人玩味無窮的故事。

據說吳王見到孫子，想拜孫武爲將軍，但畢竟還是有些不放心，就對他說：「您寫的十三篇兵法，我都仔細讀過了。您能否當場演習一下陣法呢？」孫武回答：「當然可以。」吳王又問：「可以用婦人試驗嗎？」孫武回答：「完全可以。」於是吳王從他後宮的嬪妃中挑選了一八〇人，供孫武演習陣法。孫武把這些嬪妃分為兩隊，叫吳王最寵愛的兩個美姬分擔隊長。每人各執一戟。孫武問道：「你們知道心、左右手和後背的位置嗎？」衆嬪妃點頭回答知道。孫武說：「那好。演習陣法時，我擊鼓傳令，叫向前，你們就眼睛看著心；叫向左，你們看左手；叫向右，就眼看右手；叫向後，就眼朝背後看。聽清楚了嗎？」她們都答：「清楚了。」於是孫武敲響軍鼓，鼓令向右。這些嬪姬從未經過這種事，都覺得挺好玩，便不聽鼓令，反而哈哈大笑，笑成一團。孫武板起面孔，神態嚴肅地說：「對部屬約束不嚴，命令不清，這是主將的責任。」他再次申明號令，然後擊鼓傳令向右，鼓令一響，嬪姬們笑得更厲害了，都笑彎了腰。這時孫武令鼓一停，說：「前番令下，不被執行，是主將的責任；這次又無人執行軍令，那就是吏卒的責任了。」便大喝一聲：「把左右兩隊隊長推出斬首！」吳王正在高台上觀看演習，一見孫子要殺兩個愛姬，聽得急忙叫人傳說：「寡人已知將軍會用兵了。我沒有這兩個美姬，連吃飯也沒有味口，請勿殺她們。」孫子回答道：

「臣既然已受命爲將，將在軍，君命有所不受。」說完就下令把兩個美姬當場斬首。然後再挑出兩個嬪妃擔任隊長，繼續演習陣法。這一下，宮女隊人人驚恐，個個嚴格執行命令，一舉一動，合規合矩，陣列非常整齊。孫武派人到高台稟報吳王：「兵陣已操練好，請大王過目。大王可以用她們出征打仗，即使赴湯蹈火，她們也會奮勇向前，決不敢退縮。」吳王因此深知孫武善於用兵，就正式任命他爲將軍。孫武長達三十年的軍事生涯正式展開。

吳國逐漸強大後，吳王想發動大規模的伐楚戰爭。孫武和伍子胥卻認爲當時楚國的實力還很雄厚，伐楚時機不成熟，建議採取疲勞楚國的戰略。吳國把全國軍隊分爲三部，互相輪換，反覆襲擾楚境。經過六年的騷擾，楚軍終於被搞得疲備不堪、戒備鬆懈。正巧此時，楚軍進攻鄰近的蔡、唐二小國，蔡、唐派人向吳國求援。吳國決定與他們結盟，以他們爲掩護，借大別山的蔭蔽，迂迴攻入楚國防禦薄弱的東北部。周敬王十四年（前五〇六年），吳王闔閭親自帶兵出征，任命孫武爲吳軍之將，伍子胥爲副將，率三萬精兵溯淮河而上。大軍迅速穿越過大別山與桐柏山之間的三個隘口後，直抵漢水岸邊，與楚軍隔河而陣。兩軍在柏舉

（今湖北漢川北）展開一場決戰，楚軍慘敗。吳軍乘勝追擊，又五戰五捷，一舉攻占了楚國的都城郢（今湖北江陵西北紀南城）。身爲吳軍伐楚主將，孫武立下顯赫軍功。此外，在周敬王三十六年（前四八一年），吳軍在齊國的艾陵（今山東萊蕪東北）大破強大的齊軍；兩年後，吳王在黃池（今河南封丘南）諸侯盟會上，取代晉國成爲霸主。這些孫武也具有巨大功績。惜乎史典記載語焉不詳。《史記・孫子吳起列傳》中對其一身軍功有一概括：「西破強楚，人郢，北威齊晉，顯身諸侯，孫子與有力焉。」

孫武的政治思想今日已無可細考。一九七二年山東臨沂銀雀山西漢墓出土竹簡《吳問》殘篇，其中記載了孫武和吳王關於晉國六卿「孰先亡，孰固成」的問對，孫武認爲六卿所進行的土地制度改革，其中畝大而稅輕者可以「固成」。可見他是主張改革圖強的。

「北威齊晉」後，孫武的事跡不再見於史籍。據《越絕書》記載，江蘇吳縣東門外有孫武墳墓。於是史家推斷，功成名就後，孫子急流勇退，歸隱山林了。此說很有道理。若孫子沒有退隱，以他當時的地位，史書不會沒有記載。比如他的知交伍子胥仍留在權位上，關於他的事跡就記載頗多。更重要的是：早在周敬王二十四年（前四九五年）吳國已由夫差當政。吳王夫差是一位驕奢淫逸的昏君，侍候這樣的君王，確實是「伴君如伴虎」。以孫子的聰明，他才沒有落得伍子胥那樣的悲慘結局。

觀察孫子生平事蹟，眞正記載得較詳細的很少。而使人能對其個性性格、為人作風做充分想像，分析的事跡恐怕只有他演陣法、斬美姬一事。此事有濃烈的戲劇性，故史家對其眞實性多持謹愼態度。我認為此事是可採信的。孫子所處的那個時代，諸侯爭強、群雄逐鹿，戰爭不斷，唯武是舉。當時的許多事在今天看來都是頗為極端的。吳起殺妻取將、晏嬰二桃殺三士、要離斷臂刺慶忌、荊軻借頭刺秦王都是如此，孫子斬美姬並不比這些費解。所以此事有一種本質的眞實性。不過，使我感興趣的是：孫子竟能用嬪姬演陣，讓她們赴湯蹈火，這有力說明他是一個軍事天才。而做到這一點靠的是鐵的軍令和殺一儆百的謀略手段，這與《孫子兵法》中的許多論述和表達的思想不謀而合。孫子最絕的地方正是用吳王最寵愛的美姬當隊長，並在吳王大叫刀下留人之情況下，毫不留情地斬了她們。我想，這是孫子在試探吳王求將的誠意到底有多大；同時也在證實「將在軍，君令有所不受」的用軍原則能否實行；此外，他也是在論證軍令如山、法不容情的道理，以及軍令對於軍隊有何等的重要性和嚴肅性。孫子對其兵法顯然是充滿自信心。他是一個十分理智而不輕易爲感情所動的人；也是一個視兵法爲生命，對軍事藝術永遠執著，甚至入迷的人；在戰爭中，他一定是一位鐵血將軍。

《孫子兵法》

孫子在歷史上盛名卓著，顯然並不是因爲他的軍功，而是他留給後人一部《孫子兵法》。他在歷史上扮演的是一位軍事理論家、思想家的重要角色。他是怎麼樣的一個人，在今天已不是很重要，重要的是他的軍事思想。雖然從其軍事思想中也可以推測他是怎樣的一個人。一個歷史人物最終被演繹爲一種思想，從個人角度來看，我想也不無可悲可嘆之處；但他的思想澤被後世，滲透到民族文化心理中，其人生價值也重於泰山。

古中國歷史，幾乎成了一部戰爭史。「自剝林木而來，何日無戰？大昊之難，七十戰而後濟；黃帝之難，五十二戰而後濟；少昊之難，四十八戰而後濟；昆吾之戰，五十戰而後濟」。（羅泌：《路史・前紀》）連綿不斷的戰亂成爲中國兵書發達、早熟的現實基礎。在孫子之前，已出現許多兵書，（《孫子兵法》中也有引用），如《黃帝兵法》，太公《太韜》等，但多數已失傳，少數只留下殘句。到孫子處世的東周時期，戰爭更爲頻仍、長達二百年，數以百計的大小諸侯國在戰爭中被殲滅。戰爭的現實呼喚一部煌煌軍事巨著的出現，《孫子兵法》應運而生。此書一面世，便備受推崇。韓非子在《五蠹》中說：「今境內皆言兵，藏孫吳之書家有之。」從此《孫子兵法》成爲我國歷代兵家公認的第一部兵經聖典。

《孫子兵法》主要討論與戰爭有關的軍事問題，也涉及政治與軍事的關係。全書共計十三篇，各篇既可獨立成章，亦相互有機聯繫。書中對戰略戰術韜略、軍事法度、將領士氣、軍事心理、天文地理、行軍紮營、水勢火攻等無所不包，運用軍事間諜也有非常詳細的分類和闡述。面對這樣一個博大精深的軍事思想體系，今天的人們也不能不發出由衷的驚嘆。值得注意的是，孫子並不是孤立地談戰爭，而是首先考察了政治與軍事的關係，「兵者，國之大事，生死之地，存亡之道，不可不察也」。並提出「道」是決定戰爭勝負的首要因素。這既表明了他開闊的思維視野和宏大的理論氣魄，也是軍事思想史上的一個嶄新貢獻。與此相聯繫，《孫子兵法》中明確地表達了「愼戰」觀念，提出「軍爭爲利，軍爭爲危」。這表明他的思想具有一種超越時代的高尚境界。《孫子兵法》的思想核心是探討贏得戰爭勝利的方法。打仗無不爭取勝利。勝利，就是以勝爲利。但孫子尤其推崇一種「全勝」。「是故百戰百勝非善之善者也；不戰而屈人之兵，善之善者也。」傳統的西方軍事學認爲，只要是戰爭就不可能有「不戰而屈人之兵」的事，所以有人認爲孫子的這一觀點不科學，帶唯心色彩。其實，今天西方世界占統治地位的「威懾」理論在實質意義上而言，就是想要「不戰而屈人之兵」；在六十年代美蘇之間發生的那場「古巴導彈」危機中，事實上也是「不戰而屈人之兵」。孫子那麼早就提出這一觀點，是十分難能可貴的。當然，孫子也知道不可能任何戰爭都能作到「全勝」，於是他又突出地表達了「必勝」的觀點。書中各個方面都是以如何打勝仗爲開端。

應「愼戰」、求「全勝」、務「必勝」反映在用兵的指導思想上，就是孫子所說的「上兵伐謀」、「未戰而廟算勝」。此乃人們所言的「孫子尙智」的特點。書中說韜略、談計謀、談智算的地方比比皆是，在某種意義上，《孫子兵法》就是一部專講戰爭中的韜略的書。既然兩軍對壘，智謀較量爲先，所以孫子毫不含糊其辭地爲戰爭下定義：「兵者，詭道也」，還明確提出「兵以詐立」，「凡戰者以正合，以奇勝」。孫子在其韜略學中，提出了許多著名的論斷。戰爭首先要能「廟勝」。即戰前要對取得勝利的「可勝性」作預算，要先「運籌帷幄之中，決勝千里之外」，要「先勝而後求戰」。要做到「廟勝」必須「知己知彼」。「知己知彼」包括對敵我雙方許多軍事因素的了解，只有知己知彼，才能「百戰不殆」。「知己知彼」後，就要掌握戰爭的主動權，所以他又提出「致人而不致於人」。「致人」即讓敵人聽我調遣而我則不受制於敵。「致人」的方法很多，如「任勢」，即充分利用於我有利的各種客觀條件，使我方處於「勢險」，具有最大的「勢」能量；如「示形」，即造成各種假象去迷惑敵人，而讓敵人的眞象充分暴露出來，這就是所謂的「形人而我無形」。此外還有「避實擊虛」、「以衆擊寡」等等。「致人」雖是基本原則，但戰爭畢竟是變化紛紜的，所以孫子又提出要有靈活機動的戰略戰術。如「兵無常勢」、「踐墨隨敵」，即不斷地根據敵方的變化而調整自己的兵力、策略，以及「圍師必闕，窮寇勿迫」等等。孫子的這些軍事謀略，爲歷代軍事思想家、軍事指揮家所津津樂道，也被戰爭史上的歷次著名戰役所驗證。

除了對敵的謀略思想外，孫子在治軍，即今天所說的軍事管理方面也頗有心得。其治軍思想的核心可以用「令之以文，齊之以武」來概括，也就是賞罰兼施、恩威並用。恩的方面，他提出要「視卒如嬰兒」、「視卒如愛子」；因爲只有愛兵如子，「故可與之赴深溪」、「故可與之俱死」。威的方面，就是要「令素行以教其民」、軍令如山、令行禁止，同時又要「愚士卒之耳目」，使他們「驅而往，驅而來，莫知所之」；只有這樣，才能「齊勇若一」、「攜手若使一人」。恩威並用的具體形式就是賞罰。孫子不加任何修飾地說：「軍爭爲利」。對敵如此，對己亦如此。他認爲賞罰是調動軍隊作戰能力的強有力槓桿，所以提倡「施無法之賞，懸無政之令」。賞事以「掠產分衆，廓地分利」，「賞莫厚於間」（間諜），尤其是「死間」（執行必死無疑之任務的間諜）；罰可以在「卒已親附」時實施，否則「不可用也」。孫子把其謀略學直接用於治軍中，並提出「置之死地然後生，陷之死地然後存」的有名論斷。認爲只要是爲了戰爭的勝利，可以將部隊置之「死地」，使之「登高而去其梯」，並且「吾將示之不活」。孫子的這些治軍理論、智謀、方法，同樣也爲歷代軍事思想家、軍事理論家視爲統治軍隊的圭臬。

把《孫子兵法》放在春秋戰國的諸子百家中來看，有一個十分明顯的理論特點，就是它直接產生於戰爭實踐，也服務於戰爭實踐。戰爭就是生與死、血與火。它不需要思辯，也不允許個人好惡、愛憎來干擾；它需要的是對利與害、成與敗計算機式的無情計算，對鐵的現實的理智判斷與決策。這自然就使得《孫子兵法》具有某種冷酷無情、唯利爲是的色彩。戰爭是社會存在的一種非常狀況，爲了生、爲了勝、爲了利，當然就可以採用一切不同於日常生活的非常手段。所以「兵者，詭道也」。另一方面，《孫子兵法》直接來源於具體戰爭的經驗，是實戰經驗的一個全面總結。它必須從波譎云詭、錯綜繁複、變化紛紜的戰爭現象中迅速找出最簡單、明瞭的關節點、核心處。而這些戰爭行爲最核心的地方還必須具有其易於傳授、操作性強的特點，所以《孫子兵法》對各個軍事學範疇都作出了非此即彼的二值判斷、二值選擇：生與死、利與害、敵與我、勝與負、進與退、強與弱、動與靜、攻與守、虛與實、勇與怯等等。這種二值判斷、二值選擇不僅是思想內容，同時也成爲一種簡潔明確而用之有效的思維方式。

孫子的影響

《孫子兵法》的這一特點對民族思想文化產生了極爲深刻、複雜的影響。由於孫子提出了軍事戰爭各種因素中相反相成的矛盾對立項、以及他所運用的二值式思維方式，使《孫子兵法》成爲先秦辯證思維的重要代表之一。許多學者都認爲，我國先秦辯證思維主要就是由《易經》、《老子》和《孫子兵法》所構成。《孫子兵法》由此超越了純軍事論著而滲透到中國哲學中，從而產生了十分廣泛的影響。正如清代學者魏源所說：「夫經之《易》，子之《老》也，兵家之《孫》也，其道冒萬有，其心皆照宇宙，其術皆合天人，綜常變者也。」另一方面，雖然戰爭是一種特殊的社會狀態，但它畢竟還是一種社會狀態；而且《孫子兵法》又直接來源於戰爭經驗，也就很容易爲日常生活中的其它經驗所驗證；加之其它先賢很少言「利」，而孫子卻無遮掩地坦言「利」，主張以「智」取「利」，所以《孫子兵法》中的「謀略」對社會日常生活、對民族思想觀念產生了廣泛、深入、持久、微妙的影響。中國政治生涯中具有民族特色的權謀思想，顯然是從《孫子兵法》中汲取了養份；中國人重「智鬥」而不重「勇鬥」的民族性格應該說也打上了《孫子兵法》的烙印；《孫子兵法》坦言利害的思想對只言「仁」、「義」的儒家傳統民族文化似乎也作了必要的平衡和塡補（至少是在世俗社會中）；而《孫子兵法》中的許多名言，如「知己知彼」、「置之死地而後生」、「先發治人」（後作「先發制人」）、「避實擊虛」、「出其不意」等等，都成爲漢語中的成語。

《孫子兵法》對中國思想史有如此重大的影響，以至於孫武有「武賢人」之稱。歷代思想家、軍事家也對孫子推崇備至。曹操說：「吾觀兵法戰策多矣，孫子所著深矣」；明代戚繼光認爲，此書「綱領精微」，是「上乘之敎」；而茅元儀則說：「前孫子者，孫子不能遺；後孫子者，不能遺孫子」；孫中山評價道：「就中國歷史來考究，二千多年的兵書，有十三篇，那十三篇兵書，便成為中國的軍事哲學」；毛澤東也常提孫子，並指出：「孫子的規律，『知彼知己，百戰不殆』，乃是科學的眞理。」不僅如此，《孫子兵法》倒是眞正很早就「衝出中國走向世界」了。《孫子兵法》對世界軍事思想史上也產生了很廣泛的影響。它的出現不僅比古希臘希羅多德、色諾芬、古羅馬弗龍廷的軍事著作都早，而且更具體、更有學術價值。所以早在唐代《孫子兵法》就流入日本、朝鮮，一六六〇年則有了日譯本；十八世紀六十年代，它傳入歐洲；一七七二年便有了法文本。日本對其尤為推崇，稱之為「東方兵學的鼻祖」、「世界古代第一兵書」。六十年代初，英國元帥、第二次世界大戰名將蒙哥馬利訪華時就曾說過，世界上所有的軍事學院都應把《孫子兵法》列為必修課。美國的約翰·柯林斯在其《大戰略》一書中提出：「孫子是古代第一個形成戰略思想的偉大人物……孫子十三篇可與歷代名著包括二二〇〇年後的克勞塞維茨的著作媲美。今天，沒有一個人對戰爭的相互關係，應該考慮的問題和所受的限制比他有更深刻的認識。他的大部分觀點在我們當前的環境中仍然具有和當時同樣重大的意義。」國外的這些評價，《孫子兵法》是可以當之無愧的。事實上，美國陸軍有九大軍事原則，即目標原則、進攻原則、集中原則、節約節力原則、機動原則、指揮統一原則、安全原則、突然性原則、簡要原則，英國也有富勒的九大原則、福爾斯的五大原則等等，這些美國陸軍、英國陸軍作戰思想基礎和作戰理論核心的原則，在《孫子兵法》中大致都可以找到一些論述。（這倒不是說這些原則就出自《孫子兵法》）。

還要提到的是，《孫子兵法》在今天的日本及其他的國家，再度掀起熱潮，成爲焦點。關於這一點，我在書中將專門論及，此處不再贅言。

我常常想：一個人去世了，但他的音容笑貌還時常浮現在他的子孫、親人、朋友、同事、鄰里的腦海裡，這就代表他還活著。如果一個人已成歷史，但他的人生事跡還被一代又一代的後人傳頌，他的人生體悟和思想感情使子孫後輩受到影響和啓迪，受到感染和薰陶，那麼此人也就精神長存了。而孫子確實是永垂不朽的。

孫子的謀略

悖論戰爭

人類步履蹣跚，歷程盤桓曲折。歷史哲學稱之爲「螺旋上升」。審視歷史「螺旋上升」的軌跡，我每每驚詫：它多麼像一個又一個、連綿不絕的「？」！

據西俗，新婚慶典上，新郎新娘要相擁互吻，然後一齊喊一聲：「苦啊！」莫非幸福總是拖著一個痛苦的陰影？據統計，人的一生有三分之一沉淪在睡眠中。俗話說，人睡如小死。莫非生必須以死爲依據？要問誰最能理解身體健康的那種自由自在，我想一定是長卧不起的病人。爲什麼健康非要以疾病爲尺度？對人本身，足以提出「十萬個爲什麼」。就是「螺旋上升」也該質疑——爲什麼不是「直線上升」？

人眞是矛盾。其中矛盾得最觸目的一個是戰爭（另一個是性愛）。人類一旦誕生，便需謀求生存，本能地熱愛生命；另一方面，人類自有文字記載以來便把「戰爭」無數次地鐫刻在自己的史冊上，似乎是想借戰火來映照前行的道路。中國古代史上，內戰頻繁激烈，連綿最長的是春秋戰國和三國時期。春秋戰國內戰長達二百年，被殲滅的大小諸侯國數以百計。三國時期軍閥混戰，戰死餓死幾百萬人，戶口銳減九成。恰好這兩個時期，在古代戰爭史上卻是最爲輝煌的。前一時期，軍事謀略在孫子手上成爲一門科學，孫臏、吳起等堪稱軍事藝術家。後一時期，湧現出曹操、諸葛亮等許多著名軍事理論家、軍事指揮家和大批傑出將領。而反映這兩個時期的文學作品，恰好都有權謀味甚濃的《東周列國志》和《三國演義》流傳於世。

戰爭是悲劇。它證明了人類存在的悲劇本性。爲什麼人類要有戰爭，這只能是一個「天問」。戰爭當然有正義和非正義之分。有暴行就應該有所反抗，有侵略就會有戰爭。這是人最起碼的良知。抗暴政、伐無道，這是中華民族的優秀傳統。故《禮記·檀弓下》有言：「殺人之中，又有禮焉」。然而，不管怎麼說，肆施暴政、推行無道、挑起不義戰爭的，即使是敗類，畢竟也是人，是人類的一部分。而且，是誰讓他能夠施暴政、起干戈的呢？是其他的人。所以，如果站在整個人類的角度而言，把戰爭的起因僅歸咎於單個的人，我總覺得未必能解釋得通（這裡絕無爲戰爭販子開脫的意思）。

況且，戰爭畢竟是人類的自相殘殺，總是會傷及大批無辜。古往今來，國內國外，人類歷史上的所有戰爭，到底毀滅了多少生靈，吞食了多少人類辛苦創造的財富，這恐怕是任何傑出的數學家、大型計算機都無法估算的。戰爭到底使多少人妻離子散，喪失家園，給人類心靈烙上了多少無法磨滅的痛苦，這是任何偉大的歷史學家都無法說清，任何天才的文學家都無法表達得了的。既然如此，爲什麼還要戰爭?只能說，戰爭是人類上演的悲劇，戰爭是人性的弱點。

戰爭又是正劇。它煥發了人的本質力量，締造了人類和文明。比戰爭更廣義的是鬥爭。在人類誕生的時期，自然環境異常惡劣。如果不鬥爭，人類便會被災變毀滅。奮起鬥爭，是人類求生存、發展的唯一驅動力。在人類早期部落間的戰爭中，往往是身心強大者生存下來，羸弱者死去。這一殘酷的優勝劣汰法律，無意中（也可能是本能上）使人類日漸強壯。也許正是在這個意義上，現代歷史學家湯因比把人類文明的起源和發展歸結爲挑戰與應戰。難怪《孫子兵法》開宗明義：「兵者，國之大事，生死之地，存亡之道，不可不察也。」

如果人類沒有戰爭，歷史就會顯得過於沉寂，文明的色澤就會顯得黯淡。戰爭又造就了多少英傑奇才。如果沒有戰爭，許多以拯救人類於水火爲己任的偉人就只是碌碌無爲的庸俗之輩，所有獻身人類正義的英雄勇士就會平淡無奇的度過他的一生。而我們的典籍中將沒有孫臏的增兵減灶、曹劌的長勺論戰、韓信的十面埋伏、諸葛亮的《隆中對》、周郎的赤壁之戰，沒有特洛依木馬、伯羅奔尼撒戰爭、以及亞歷山大、凱撒、拿破崙、巴頓。豈不是有些乏味嗎？

人在本質上是什麼？是具有生的智慧、生的感情、生的意志，是創造自我，實踐自己，戰爭由於發生在「萬物之靈長」的人之間，他們以智慧相爭鬥，以力彼此角逐，以意志相較量，故往往能啓迪智慧、激發感情、磨礪意志。所以人們才對創立英雄業績心馳神往，聞戰鼓咚咚而熱血奔湧，讀戰爭故事而怦然心動。越是勢均力敵、悲壯激烈的戰爭，就越震撼人心。對手越強大，就會激發自己更強大；敵人越狡猾，就會使我們更聰明。這種相互激發，就會把戰局推向高潮，將人類的智慧、力量發揮到極致。（我在此絕不是在鼓吹戰爭）

觸類旁通。我們可以理解爲什麼人們喜歡看激烈精彩的足球、拳擊等各種競技比賽，喜歡看「成年人的童話」之精彩武俠片。也可以明白爲什麼英雄總有無敵手的悲哀。沒有敵手，英雄無法證實自己存在，無法進入更高的境界，不能創造新奇蹟。英雄總逃不過一個循環：總怕有敵手，總怕無敵手。

整體上看戰爭，就像幽默的美國人看半杯水。樂觀的人說，有半杯是滿的；悲觀的人說，半杯都是空的。我既不悲觀，也不樂觀，只好說：半杯。戰爭是客觀存在、是歷史事實。戰爭必定是人類的本性。就像繁衍一樣，新生命不斷誕生，老生命不斷消亡；如同人的機體一般，新細胞不斷產生、舊細胞不斷死滅。新舊相替，其實是一場發生在宇宙中、人類中、人的機體內的永恆之廣義戰爭。對此種超越的存在，你是無法詮釋的。

我祈禱消滅戰爭，我祝福戰爭的轉移。讓外在戰場轉移到人的內心，哪怕人的良心難負此重載；讓狹義的戰爭轉移到廣義的競爭，哪怕這競爭同樣具有某種殘酷性。在核戰時代，人類尤其不能有核子大戰；在變革的中國，炎黃子孫絕不能喪失戰爭的精神。

中國人怎能沒有挑戰和應戰？

止戈爲武

小時讀書，寫過一個錯字，把「武」寫成了「武」。老師爲根治錯誤，便講了一個小典故。說古時也有個學生，將「武」字加了一撇。他的老師指出該生寫錯了。可是那個學生卻振振有詞地反駁道：這一撇是萬萬不可少的。武士要掛一把刀，沒有刀還算什麼武士！於是我的老師解釋道：其實，武爲會意字，武者，止戈爲武。只是這「戈」字後來逐步演變爲「弋」，所以「武」字加一撇，恰如畫蛇添足。

從此，我再也沒寫錯過這個字。只是當時並未弄懂：「武」嘛，自然是要動干戈的，爲什麼偏偏就「止戈爲武」呢？

長大後，閱歷多了，便看到許多饒富趣味的事。如男人打女人、大人打小孩、警察欺負鄉下人。旁觀者大搖其頭，目光露出鄙夷。魯迅諷稱此強者爲「孱頭」，「孱頭」就是懦怯的人。我有所悟：男不與女鬥原來是有道理的。你自然可以打贏，然而，勝之不武。又曾見市井混混兒正對弱者大施淫威時，一身材魁偉、正氣凜然，一看就知是一個「硬角」的男子漢站了出來，他連手也沒伸一下，只是冷著臉朝那混混兒瞪了幾秒鐘，混混兒眼光一躲閃，便悻悻而去。這時旁觀者，小孩雀躍，中年頷首，老者捋髭鬚。這漢子並未動武，就「止戈」了。

世界上常有持槍歹徒作奸犯科的事。有的國家為了制止這一犯罪行為，頒布了私人可以擁有槍支的法令。槍枝泛濫，增加了「武鬥」的可能性。但私人擁有槍支也未嘗沒有一點合理性。赤手空拳，自然對付不了真槍實彈。一方非法擁有槍支，一方守法沒有槍支，等於使歹徒為刀俎，讓良民為魚肉，這太不公平。假設讓一老太太手握鋼槍守在家中，持槍歹徒也未必就敢貿然進犯。槍支是槍支的一種制衡，制衡也可以止戈。

我曾讀過一本《當代外國軍事思想》的書。書中談到美國的戰略思想。美國的軍事戰略思想包括「威懾」與「實戰」兩方面：平時依靠各種軍事手段對敵實施「威懾」，使其不敢向美國及其盟國發動進攻；一旦「威懾」失靈，戰爭發生，則透過「實戰」擊敗對手。隨著核武器越來越厲害，美國也日益強調「威懾」戰略的重要性，使之成為一種系統完備的戰略。所謂「威懾」，就是想要我不打，首先你不打；若你非要打，我們就拿出本事見真章。其目的也就是想「不戰而屈人之兵」。原來他們也學孫子兵法。

其實，我上面提到的那位男子漢，所使用的也是「威懾」戰略。別人贊許他，不僅在於他比對手厲害，而且更在於不戰而勝。孫子稱此為「善之善者」。由此也聯想到，有許多大事物與小事物在量上雖無法比擬，但在「道」上是一樣的。只是大事物博大深邃，小事物具體而微。佛家所謂「一花一世界，一葉一如來」。

「不戰而屈人之兵」也並非只有占優勢的一方可以辦到。劣勢者若能知己知彼，抓住對方弱點，也能達到「止戈為武」的功效。如法國的軍事戰略思想也強調威懾，但其威懾卻以「以弱勝強」為指導思想。其要義是：強大的敵人侵略對方，總是希望得到好處。孫子所謂兵以利動。若弱者的還擊力量可以使強國所蒙受的巨大損失超過其可能得到的好處，那麼強者也就不敢貿然向弱者發動侵略了。所以弱小的一方也可以威懾強大的一方。

當我是孩子時，常有一種苦惱。那時有一個身材高大又極富挑釁行為的同學常仗勢欺人。無故受辱心有不甘，奮起反抗又總是敗北；向老師告狀雖是自救一途，但當時以爲是懦夫行爲，怕同學不齒，虧吃多了，便學會動腦子。該同學家貧，只一套衣服，故他對衣服還是愛惜的，且他老爸奉行的是「拳頭主義」，見哪兒不順眼，便是一頓毒打。以致他出門如虎，回家似貓。（其實許多人都這樣，家裡家外差異頗大，也許是人格的一種自我平衡調節。）一次，在與之廝打時，我並不拳打其上，也不腳踏其下，而是猛撕他的上衣口袋。只聽得「嘶」地一聲，他的口袋翻白。他的臉也一下變白了。第二天碰到鼻青臉腫的他，他剛要撲過來報復，我迅即作出抓衣袋狀，他那拳頭頓時便收斂了。從此我再沒挨他的打。止戈了。

教養孩子時，自然不希望他沾上鬥毆惡習，但也總擔心他在外被欺負。我教育他：不要欺負弱小；不要屈服於強悍，但不與之力敵，重在用謀略和威懾。要身心強大，但「止戈爲武」。

我想應該讓孩子讀讀《孫子兵法》。

愼戰

中國古代軍事理論家、思想家們對戰爭無不持一種誠惶誠恐而又無可奈何的態度。

一方面，他們一再強調戰爭帶來的巨大危害，認爲「夫戰者，凶器也；戰者，逆德也；將者，死官也」（《尉繚子》）；「兵猶火也，不戢，將自焚」（曹操：《孫子注》）。另方面，他們也無不正視戰爭的現實存在及其客觀上具有的意義，「兵者，國之大事也，死生之地，存亡之道，不可不察也」（《孫子·計篇》），「無敵國外患者，國恆亡」（《孟子》），「故國雖大，好戰必亡；天下雖安，忘戰必危」（《司馬法》）。戰爭既然是兩難中的行爲，於是他們都提出「愼戰」。孫子中肯地說：「故不知用兵之害者，則不能盡知用兵之利也」，「怒可以復喜，慍可以復悅，亡國可以復存，死者不可以復生」，「故軍爭爲利，軍爭爲危」；老子深沉地說：「兵者不詳之器，非君子之器，不得已而用之……戰勝，以喪禮處之」。連後來的曾國藩也不無感情地說：「兵者，陰事也。哀戚之意，如臨親喪；肅敬之心，如承大祭，庶爲近之。」

所以，孫子等的「愼戰」思想應是有久遠，甚而永恆的意義。況且人類到後來的戰爭可能造成的極端危害絕非過去的戰爭可比。也許你正坐在地球這半邊的一張書桌上伏案疾書，地球那半邊的一顆核彈剎那間就使你沉入永恆的黑暗，你甚至來不及感嘆一聲；也許你一家人正在鮮花盛開、蝴蝶翻飛、春光明媚的大自然懷抱中盡享天倫之樂，忽然天空中的一道閃光，這天倫之樂與那道閃光一起便成爲凝固；也許你正與情人花前月下綿綿細語，也許你正焦躁地在產房外期待著新生兒的啼哭，也許你正因一項重大科學發現而沉浸在巨大的驚喜之中……這最美好的人生一瞬間化爲烏有就像一個最精妙的畫面突然被一種人類智慧異化到極致的東西幻化爲一片空白。在一個戰爭狂人按一下電鈕就可以毀滅人類的時代裡，在一個人類將自己投置於萬劫不復的深淵邊緣的社會中，「愼戰」尤其具有重要的意義。

這樣說甚至還沒有表達淸楚涵義。孫子說：「兵以利動」、「軍爭爲利」。但核子戰爭中，軍爭的任何一方都無利可言。核戰只是以鐵一樣的面孔冷冰冰地告訴人類：要麼共同生存，否則一起毀滅。你想：自有戰爭以來，敵我雙方就竭盡全力要發明一種一舉就能致對方於死地的武器，一旦這種武器眞的出現，敵我雙方不能不休戚相關、生死與共，不能不成爲一個地球上「同呼吸、共命運」的大家族。核子武器竟然如此荒誕不經地超越了戰爭；人類也竟然如此滑稽可笑地超越了自己。我們從中看出了荒誕和幽默，也從中看到了希望和光明。

在核戰時代，許多傳統的軍事概念都發生了根本性的變化。新概念的出現表明概念正在發展中。這就是一種文化、思想的繼承和發揚。孫子提出「軍爭爲利，軍爭爲危」，所以得出的結論是「愼戰」。而今天的軍爭只有「危」，沒有「利」，所以順著孫子的思路，就核戰而論，就不僅是「愼戰」，而是「去戰」。

六經注我

任何理論都是現實人生的一種體察、一種認識、一種歸納，有此體察、認識、歸納，現實人生才得以昇華。理論是人生的導遊圖，沒有此圖，人生之程就是昏昏噩噩地瞎摸亂竄。但任何精深的理論也無法取代人生遊覽。生活是朝露欲滴的鮮活花蕾，理論是它的標本。理論服務於現實生活，現實生活不為理論服務。人對理論，最要緊的是：六經注我，而非我注六經。

軍事理論當然也是如此。任何優秀的軍事理論家都深知瞬息萬變的戰爭現實是不可能用筆墨凝固在紙上的。這裡只有一些經驗、一些規律、一些方法、一些原則。這些東西都是從戰爭實踐中得來，所以它們都是活的，不是死的。故《孫子兵法》中一再說明，用兵之法「如環之無端」，變化無窮無盡。孫子特別強調：「兵家之勝，不可先傳也」

在一代名將韓信的軍事生涯中，井陘之戰可說是他一生光輝的頂點。當時韓信率數千人馬去攻打集二十萬兵力的陳余，陳余的謀臣李左車認為韓信連打勝仗，銳氣正旺，而井陘口這關隘無法容納並排車輛、騎馬也不能成行，所以韓信的糧草輜重必然跟不上，若派兵截其輜重，然後深溝高壘，韓信必然不戰而敗。但陳余不採納這建議，而引經據典地說：兵法上說得很清楚，十倍於敵人，就要採取包圍的戰術。現在韓信兵不過數千，又經過長途行軍，何必小題大作。如果堅守不戰，人家不是會恥笑我是膽小鬼嗎?而韓信一方面安排人員埋伏在敵軍附近，一方面將軍隊背水為陣。陳余見韓信軍隊背水為陣，大笑韓信不懂兵法，於是傾巢而動。韓信的軍隊因背水為陣，沒有退路，便拼力死戰；而那支埋伏的軍隊卻乘陳余大營空虛，攻進去全換上己方的軍旗，然後從敵軍背後夾擊。陳余軍前攻不下，後看大營易幟，一時大亂。這樣，韓信僅用一天時間，以少勝衆，取得輝煌勝利。

這一仗連韓信的部將也覺得贏得莫名其妙。他們問韓信：兵法上明明寫著背水列陣是兵法大忌，為什麼您犯此大忌反而大勝呢?韓信解釋說：你們只知不該背水為陣，卻不知「置之死地而後生」。我們的軍隊是臨時組建的，士卒缺乏必要訓練，一些將領我也不太了解。若不背水為陣，他們必然都逃跑了，那麼大敗的就是我們。

井陘之戰，陳余對兵法的態度就像紙上談兵的趙括、言過其實的馬謖一樣奉行主義，只知死扣教條。死扣教條其實是根本不懂教條，眞正懂得教條就決不會死守之。他是在「我注六經」。「我注六經」，就是說我被六經牽絆住了，六經是主，我是僕。忘記了自我，也就取消了自我，喪失了自我。結果陳余被殺。在某種意義上說，陳余不是被韓信所殺，而是被六經所殺。他死注六經，故死於六經。難怪古人說：盡信書不如無書。韓信對兵法的態度就全然不同，可說是靈活運用。兵法不可不學，「我」的具體情況更不可不考慮。兵法是讓人來用的，而不是人爲兵法所用。這就是「六經注我」。「六經注我」，六經因我而復活，不注我，它只是死東西；我因六經而不是封閉的、凝固的，而是被激活了的，因之完成了一次人生的超越。這使韓信之所以成爲韓信。

這裡談的何嘗只是兵法？

雜談「詭道」

詭、詐、奇，歷來不受中國文化喜歡。詭，有欺詐、虛僞、怪異、變化無常等意思，如詭計多端、詭辯、詭譎。奇，有特殊、異常、變化莫測等意義，如奇聞奇事、奇怪、奇譎。詐，意爲欺騙，假裝，如爾虞我詐、詐騙犯等。可見此三者都不是什麼好東西。

然而，孫子談兵，則道詭、重奇、立詐。他爲兵家下定義：「兵者，詭道也」；他表達軍事藝術觀：「故善出奇者，無窮於天地，不竭如江河」；他確立用兵原則：「兵以詐立」。他在兵法十三篇中對詭、奇、詐作了全面的闡述。

首先談「詭」。

把戰爭稱爲詭道，可謂一語中的。其妙處在於既有詭，又有道。戰爭是生死存亡、你死我活的重大行爲。敵對雙方彼此無誠實可言，決無將自己眞實的作戰意圖、攻擊目標坦告對方的道理。可以說，對敵人的詭，就是對自己的誠。但戰爭又有「道」。道，在此指自身規律、行爲準則。從行爲準則上說，雙方兵戎相見時，共有一個默契：你儘量使用你的聰明、我竭力發揮我的才智，你竭盡全力、我不遺餘力。戰勝戰敗，在智慧和力量上，只是一場公平交易。從自身規律來說，「道」雖只有一個，但具體運用時卻能變化萬千。所謂「道，可道，非常道」，道，說得清楚的，就不是永恆的道。這就好像是寫文章。寫文章肯定有一章法。但讀了《寫作通論》之類的書，未必就會寫作文。故爲文之法，「大體須有，定體則無」。對「詭道」的變化奧妙，孫子感慨說：就像圓環那樣無始無終、無窮無盡。

在中國文化中，「道」是存在規律和人的行爲準則上的。中國古代思維有「直觀」的特點，其表現爲主體滲入客體、客體融合主體。「天人合一」，所以「道」「德」合一。只注意某一方面是不對的。譬如「盜亦有道」，從行爲準則而言，是指有所盜（如不義之財），有所不盜（如勞動所得）；從自身規律來說，是指其中包含有技術和智能（可能涵蓋某些社會科學和自然科學）。

戰爭不過是社會存在的一種特殊形式。其社會的實質性並未完全改變，只不過是這實質性的東西，其構成要素在量上發生了變化。「兵以利動」，戰爭是一種根本利益的衝突。戰爭的主要矛盾雙方是敵與我，所以要以「詭」爲主。但「誠」也是斷乎不可少的。君對將，用之不疑；將對兵，誠而有信。正常的社會中，社會各方的根本利益應大體一致，人與人應和平共處，所以要強調「誠」，所謂「人無信而不立」。夫妻之間要赤誠相愛、若大行詭道無異於把家庭當戰場，那將是一場夜以繼日的戰爭，雙方非死即傷，這種情況下「離」爲上計。朋友之間需肝膽相照，若以詭相待，那就是以友爲敵，會衆叛親離，成爲孤家寡人。同仁之間也應坦誠相見，若你詭我譎，大搞「窩裡鬥」、還覺得其樂無窮，那無異於將整個人生都處於戰爭狀態。雖然如此，但也不能完全忽略「詭道」。自己病重，爲寬慰親人，「重而示之不重」；親人病重，爲建立其信心，「悲而示之不悲」。這就有點「詭道」。與孫子說的「能而示之不能，用而示之不用」相似。但這詭，更顯示出一顆赤誠之心。日常生活中，我們常說：「害人之心不可有，防人之心不可無。」前者是誠，後者有「詭」。你出門在外，鼓囊囊的口袋裡不裝錢，而將錢放在看似羞澀的囊中，這樣「虛則實之，實則虛之」，說明你懂得「詭」。

社會若極不正常，「詭道」有時還是你爲人處世的一個法則，只有運用它，才能使你存活下來。眞理總是具體的。詭道是好是壞，須作具體分析。比如，某君很能幹，但以「難得糊塗」爲座右銘，在上司面前總是「能而示之不能」，在與上司的關係上，「遠而示之近」。不用說，運用「詭道」，此君是較易升官的。若眞心誠意是爲了改革大業，爲民衆做一番事業，我認爲這是忍辱負重。對他的「詭道」我很贊成、並且很佩服。若其心懷叵測，動機不純，那麼我想告訴他的上司：他在向你不宣而戰，把你當敵人，攻你無備、出你不意！因爲他使用的是戰爭法則——詭道。

軍爭爲利

人類爲什麼會有戰爭？孫子一語中的：「軍爭爲利」。或者說，利益是戰爭的原動力。戰爭只不過是利益衝突的一種表現形式。民族之間的利害嚴重衝突引起民族戰爭；社會階級之間的根本利益衝突激發階級戰爭；統治集團內部各門戶之間的利害衝突白熱化引發軍閥內戰。一方只顧自己的利益而要強行掠奪另一方的利益，另一方不得不挺身而起捍衛自己的利益，於是便有戰爭。前者是不義之師，後者是仁義之師。所以戰爭有正義與非正義之分。如果雙方都對彼此利益有非分要求、掠奪欲望，那就是孟子所說的：春秋無義戰。

其實何只是「軍爭爲利」？「天下紛紛，皆爲利爭；天下攘攘，皆爲利往」。這話常被人作貶義理解，我卻不這麼認爲。就利本身而言，它並無值得非議之處。趨利避害是人的本能。而且社會發展、人類智慧的驅動力之一就是利。

沒有人類對自身利益的嚴重關注，就沒有自然科學的建立、沒有社會科學的繁榮、沒有人性的顯示、也就沒有文明的歷史。若沒有人類切身利益的驅動，就沒有工欲善其事必先利其器，沒有技術的革新，生產的發展，那人類至今甚至還在蒙昧中徘徊。

不過，社會進步、人類智慧的天敵也是利。戰爭狂人挑起毀滅文明的戰爭，是因爲利，也是利用了許多人對利的盲目追求。以權謀私，錢權交易，分配不公，化公爲私等腐敗現象也是爲了利，他們爲一己私利而侵犯國家利益、廣大人民的利益。殺人越貨、攔路搶劫、偷竊拐騙、水貨泛濫、賄賂公行等一切作奸犯科、違法亂紀的行爲也都是爲了利；他們赤裸裸地把個人私利訴諸一種極端的表現方式。馬克思說：百倍的利潤使人不怕上斷頭台。中國民諺說：人爲財死。這是利令智昏而見利忘身。

孔子曰：「君子喻於義，小人喻於利。」這是至理名言。但其中還需一些補充。雖然「義」與「利」分屬道德和經濟兩個不同的範疇，但在本質上，「義」與「利」也有共通之處。「義」可引申爲共同的「利」，也是個人的更高層次的

「利」；「利」是局部的「義」，也是淺層次的「義」。所以人們並不指責透過正當手段而獲得的財富，只是極其憤慨那些「不義之財」；人們支持、歌頌的只是戰爭雙方的「仁義之師」，而憎惡以掠奪他人利益為目的的「不義之師」。

人的本能是要避害趨利。君子、小人無不如此，人性相通。但君子與小人的區別在於：君子知道全局利益與局部利益、長遠利益與暫時利益、根本利益與蠅頭微利之間的區別和聯繫，而小人卻不知道，甚至兩者倒置，捨本求末。孫子說：「軍有所不擊，城有所不攻，地有所不爭。」所謂不爭，就是為了大的利益而放棄小的利益，這是聰明的軍事家。日常生活中，利有所不取、名有所不爭、權有所不用，這樣的人往往能獲得更大的成就，實現人生的更高價值；為掠奪他人利益而以身試法、因貪得無厭而斷送性命，如此利令智昏，以致捨本求末，為人處世，能不戒乎！大凡眼光短淺、急功近利的人，最終都會「佔小便宜而吃大虧」。

雜於利害

社會就像一張網，每個人都在網中。人就像這張網上的一個結，結四面八方伸展開來，與其他網結聯繫，近的結是親友，遠的結是熟人，再遠一點的結是你見過的人，更遠的結也許是你並沒見過、但對你也大有影響的人……如此這般，就形成了一個人（網結）的社會。連接兩個網結之間的那段繩子，就叫關係。與網結相連的所有繩子，就叫做社會關係。人就生活在這種關係之中。當然這只是個比喻。西方有句格言：任何比喻都只是概論的。真正的人與社會比這網更錯綜複雜得多。

身處網中，人的思想感情、言行舉止，無不以這張網為依托。個人是獨立的。但這並不否定人在網中這一事實。沒有網、沒有兩性之間的關係，就沒有個體的人產生；沒有遺傳、沒有語言、沒有各種關係對個體施加的影響、沒有網作為結的依托，個人就無法存在。就是弗洛依德所說的「本我」在深層的意義上也是如此。「利比多」是生命個體的性本能，但這種本能本身就暗含著另外一個結、一個性欲對象。網如此錯綜複雜，人亦同之。人與網的錯綜複雜是同一的。所以人在網中，不能不舉步維艱。做個人很難。人生沉重。

關係複雜、思想複雜，抉擇做什麼事就很難。一生孜孜不倦求功名，但勢必冷落了兒女親情，無法多享天倫之樂，危及了人的基本欲望；兒女情長，又難免英雄氣短。毅然辭職、獨身探「海」，在商潮中浮沉，換種生活方式，也勢必要捨棄打了基礎的專業，這點基礎來之不易，更何況你最終還會相信「金錢不是萬能的」；青燈黃卷、堅守門戶，「兩耳不聞窗外事，一心只讀聖賢書」，但這張喧囂的「網」總是對你追求的價值質疑，並且畢竟「沒有金錢是萬萬不能的」。追求高尚，不僅享受不了世俗快活，而且「高處不勝寒」，弄不好「高尚是高尚者的墓誌銘」；追逐世俗快活，人又受名譽、事業心、尊嚴等高層次的心理滿足所累，那是一個需要填充的巨大需求。你秉公斷案，追溯案根，也許這根上有你的上司、有你的親人；你殉公枉法，又不甘心同流合污、自毀清白、對不起良心。讓孩子課餘「學習其他技能」，孩子就完全沒有娛樂時間，怕泯滅了孩子的天性；讓孩子自由發展，又擔心孩子不適應目前流行的「大考」，「小考」的教學方式，誤了孩子……

法國著名寓言詩人拉封丹有一則著名的寓言：有一頭驢，它的兩邊有兩堆同樣大小、同樣遠近的草，它始終不知該吃哪邊的草，結果餓死了。這就是所謂「拉封丹的驢」。抉擇很難，「人生無所事，惆悵欲何之」；但必須抉擇，否則就成了「拉封丹的驢」。抉擇之難，難在其中有利也有害，選擇了利的同時也可能選擇了害。所謂「有一利必有一弊」。所以孫子說：「是故智者之慮，必雜於利害。雜於利而務可信也；雜於害而患可解也。」意思是，明智的將帥考慮問題時，總要兼顧到利與害兩方面。考慮到有利的一面，才能提高信心；看到危害的一面，才能預防可能發生的禍患或意外。孫子的話雖是由軍事而發，對人生也具有普遍的意義。

在需要抉擇而又一時拿不定主意時，不妨可以採用心理醫生們推薦的一種方法：拿出一張紙，在紙的左邊寫上作出某個決定、採取某種行動後的可能出現的「利」的每一個方面，在紙的右邊則寫上「害」的每一個方面。然後「利」「害」相較，就可以作出選擇了。值得注意的是，「利」與「害」的每一條理由，一般來說是不能等量齊觀的，因此要按某個計量單位，比如說百分制來評分。這是時下時髦的說法；作量化分析。美國電視系列劇《成長的煩惱》中，有一集為《事業的選擇》。男主人翁傑生是一位精神病醫生。他為了讓妻子人生更有意義、事業有所成就，甘願放棄自己很有前途的職位待在家裡。這時他妻子因工作中出了麻煩而灰心喪志，而他卻有一個在三十七歲當一個大醫院心理專科主任高位的機會。他覺得很難抉擇，便列出了「利」與「害」兩個項目。在去當主任這一選擇的「利」這一欄中的理由有數條，擺在「害」這一欄中的理由只有一條。最後他卻選擇了待在家裡，在家裡接待病人，同時兼作「家庭主夫」。因為這欄中的理由雖只有一條，卻是他覺得比其他理由還要重要的一條：他去當主任，他的妻子就得回家當「家庭婦女」。

「雜於利害」時，一般「利」的一方會得分更多，「害」的一方會得分更少。因為考慮「利」時，思想受激動，考慮「害」時，人會有不願正視的迴避心理。古往今來，這種只計其利、不計其害的心理，不知造就了多少失敗者。更有甚者，當「利令智昏」時，還會有人以害為利、把「害」方應得的分數記在

「利」方帳上。所以，社會上有一些有「灰色收入」的人「收支」不平衡。報上揭露過一些身居官位、身居要職的腐敗分子，他們利用職權，不僅受賄，甚至索賄。他們只知收受的是紹興酒、長壽香煙、高級禮品，只知酒能健身、煙能提神、禮品有價；卻不知行賄酒的混名叫「手榴彈」、行賄煙的俗稱爲「二十響盒子炮」、行賄禮品的綽號爲「炸藥包」，他們不知這些東西都是很有殺傷力的殺人武器。若「賄賂公行」，這些東西會敗壞風氣、毒化社會空氣，當然也會炸毀受賄者頭上的烏紗帽、腳下的前程，乃至僅有一次的性命。這樣的人，不就是以害爲利嗎？爲人處世，謀斷事情，能不「雜於利害」嗎？

「雜於利害」，要考慮到暫時的利可能是長久的害，小的利可能轉化爲大的害。我曾見一些聰明人，這事有利可圖就做這事，那事有利可圖就做那事，做每件事都能得利。只是每一次所得，利也無多。所以最終成不了氣候。還有一種人，明明有利卻不圖，明明有害卻趨之，人以爲是傻子。待其事業有成，終得大利，他人方才悟此人眼光自己所不能及。這種人可謂深得「雜於利害」之精髓了。

出奇

「正」與「奇」是孫子兵法中的一對範疇，但他更重視「奇」。他說：「凡戰者，以正合，以奇勝。故善出奇者，無窮如天地，不竭如江河。……戰勢不過奇正；奇正之變，不可勝窮也。」歷代兵家和孫子兵法注者對正、奇的涵義理解各不相同。尉繚子說是：「正兵貴先，奇兵貴後」；曹操注爲：「正者當敵，奇兵從旁，擊不備也」；李靖則說：「兵以向前爲正，後卻爲奇」；梅堯臣釋爲「動爲奇，靜爲正」；何氏又有新解，「兵體萬變，紛紜混沌，無不是正，無不是奇。若兵以義舉者，正也；臨敵令變者，奇也」。我以爲：循戰爭常規，以力敵爲正；反常規而用之，以智取爲奇。這與孫子兵法尙智、伐謀的思想共通，也與下文的「戰勢不過奇正」行文一致。

「兵者，詭道也。」把詭道運用出水準來了，就是「奇」。在孫子尙智思想的影響下，中國歷史上流傳許多出奇制勝的故事、奇謀妙計的範例。如增兵減灶、以虛示實、圍魏救趙、暗渡陳倉、瞞天過海、調虎離山等等。仔細分析這些

「奇」，可以發現，「奇」與「正」互爲表裡。奇要奇得有道理，所謂「出乎意料之外，合乎情理之中」。以孫臏增兵減灶而論。增兵就會增灶，這不過是人人盡知的軍事常識。而孫臏卻反其道而用之，是因爲他知，「彼三晉之兵（指魏兵），素悍勇而輕齊，齊號爲怯」；你認爲我怯，我就「減灶」讓你更輕敵。而敵將龐涓剛愎自用而又自視甚高，這樣的人自然求勝心切（何況他又是帶雪恥之心而來）；一「減灶」更使他覺得勝利在即。等龐涓扔下大軍、率孤軍深入時，強勢變成弱勢，落得了拔劍自殺。可嘆他死前仍不知自責失誤，還覺得忿忿不平：眞不該成就了孫臏這小子的威名！

戰爭中也是無奇不有。戰國時，強大的魏國以樂羊爲將，去攻打弱小的中山國。而樂羊的兒子樂舒正在中山做官。中山人打不過，便把樂舒綁起來，出示於樓頭。意思是如果樂羊攻城，就殺了他。樂羊只好暫停攻城。魏文侯並不責怪樂羊，反而大大地嘉獎他，爲他建造豪華住宅，等他打完仗回去享用。樂羊深感知遇之恩，對中山發起猛攻。中山人無計可施，便想出了一條「妙計」；把樂舒烹了，並將他的肉湯送給樂羊品嘗，想使他因傷子之痛而神喪智迷。不料樂羊拿起肉湯，面對中山國使者和自己的兵將毫不猶豫地一飲而盡。中山國君聞此，知城池必守不住，就上吊自殺了。中山的這一計本來就怪得離奇，完全不懂得「戰以正合」的道理，況且樂羊乃吳起、白起一類的異人，均覺與人打仗，其樂無窮，以打勝仗、建功業爲人生眞諦，兒女親情甚至自己的身家性命都可爲打勝仗而犧牲，怎麼會捨本求末，爲傷子之痛而罷手呢？所以這樣的計謀只能說是怪，不能說是奇。

人性及風格中也有「正」與「奇」。平凡普遍爲正，超凡脫俗爲奇。遵循多數民衆共通的思維方式，恪守社會約定俗成的行爲準則的人是常人；思維方式逸出常規而具超越性，行爲方式我行我素而不顧他人臧否的人是異人。既然是常人，沒有什麼特別的地方，自然史書多無記載；異人自然少，人以稀爲奇，故有關他們的軼聞軼事廣爲流傳。如阿基米德發現浮力定理，而赤身裸體從澡堂跑到街上；薩特爲實踐其存在主義而與波娃同居幾十年卻不結婚；托爾斯泰臨終前像淘氣的孩子一樣離家出走；一代名將韓信自甘受胯下之辱；二戰英雄巴頓打士兵一巴掌險些打掉了自己的前程等等。

其實，人性風格上的奇與正與軍事戰爭上的奇與正，道理是一樣的，也是「以正合，以奇勝」。不管是什麼樣奇特的偉人，只要生存在這個社會中，就脫離不了人群，也就必然具有常人「正」的一面。可惜人們太過於關注其「奇」的一面而忽略其「正」的一面，以致常常以爲他們是神而不是人。偉人若每一個念頭都出奇、每一個動作都異常，那簡直就成了誰也無法理解的大怪物。你若不理解他，如何知道他是偉人？偉人有太多平常的一面。這樣一個平常得不能再平常的道理，往往因人們自甘於平常而變得奇異艱深。

同樣地，平凡普遍的事物中也有許多不尋常的東西，這點常被人們忽視。歐陽修的《賣油翁》講的就是這哲理。北宋名射陳堯咨是射箭能手，自號「小由基」（養由基爲春秋時神射箭手）。一賣油老頭看他射箭，「但微頷之」（只是微微點頭）。陳堯咨質問老頭：「你怎麼敢輕視我射箭的本領？」賣油老頭取出一油葫蘆放在地上，把一枚銅錢蓋在油葫蘆口上，用勺子將油注入葫蘆內，油從銅錢中間的方孔流進去而銅錢的卻不沾一點油。人們只知陳堯咨射箭奇，卻不知賣油老頭注油奇。社會中，這種由正出奇的事不勝枚舉。財會人員打算盤、銀行出納點鈔票、紡織女工接紗線，哪一樣不是奇蹟？

偉人畢竟是偉人，他們總有超群出衆的地方，這就是偉人的「奇」之所在。「奇」往往是一種超越。某人深承中國傳統，不苟言笑。有一天忽然洞悉「不苟言笑」很可笑，於是笑了。從不笑的人笑了，這就很「奇」，但他本人卻超越了自己。據書記載，哥倫布要去尋找新大陸，旁人都以爲他是痴人說夢。等他發現新大陸回到西班牙，旁人又認爲這不足爲奇。於是哥倫布取出一枚雞蛋，請旁人將它直立於桌上，旁人均無法做到。輪到哥倫布示範時，他將雞蛋「呯」地一下敲在桌上，雞蛋底部破了，卻直立在桌上。哥氏感嘆說：是啊，就這麼平常無奇，誰都可以作到，可是卻沒人如此作！西方有句名言：偉人們之所以偉大，只是因爲我們跪著。我在此把它改爲：偉人們之所以出奇，只是因爲我們過於平常。

兵不厭詐

兵不厭詐這一成語出自《韓非子·難一》。原話爲「戰陣之間，不厭詐僞」。作爲軍事思想，孫子提得更早、更明確：「兵以詐立」。從待人接物而論，詐僞爲人所不齒；但從戰爭謀略來說，「詐」是用兵的一個基本原則。這是因爲兩者的規則不同。

在戰爭中，「詐」是一種智力的較量。你使詐，我也使詐，彼此扯平，關鍵是看誰「詐」得更高明、更成功。要詐得成功絕非易事。我使詐，是想要你相信；我知道你不會輕易相信，但最終卻還是讓你相信了。可見這裡面的「智鬥」是何等的尖銳、精彩，其中一定大有學問。

諸葛亮的「空城計」流傳千古，已成計謀精典。就其實質而論，「空城計」就是「詐」。諸葛亮出兵伐魏，錯用了言過其實、不可大用的馬謖，失了街亭，只好退兵。可是當姜維帶大軍撤走後，司馬懿即率大軍來到諸葛亮所在的西城城下。當時諸葛亮身邊只有老弱病殘的數千人，形勢危若累卵。於是諸葛亮撤去旌旗、城門洞開，自己則在城樓上焚香鼓琴。其行爲語言爲；我這裡埋伏有重兵。司馬懿見狀，恐怕其中有詐。但這詐是什麼呢？是詐我攻，還是詐我退？他便想透過諸葛亮彈琴的琴音來判斷。他仔細一聽，那「琴音不亂」，由此得出結論：

他是在「打埋伏」。於是引軍退去。

司馬懿明知有詐而還是被詐，是因爲他深知「諸葛一生唯謹愼」，以爲其絕不敢冒如此大的風險。孔明使詐本難成功而終於成功，除了當時別無選擇外，更重要的是，他深知司馬懿了解自己的性格。你以爲我不敢冒大風險，我就偏偏做給你看。在兩人的智力較量中，激烈的智力較量往往能激發較量者的智力創造性，這種創造性就是較量者的一次自我超越。司馬懿沒能超越自我，當然也就更沒能超越諸葛亮；而諸葛亮卻漂亮地對自己實現了一次超越，此乃司馬懿所不及也。所以等司馬懿得知那只不過是一座空城時，他不禁仰天長嘆道：「我不如孔明遠矣。」司馬懿有此一嘆，畢竟不失智謀中人。

中國傳統文化總體上可稱爲倫理道德文化。所以聖賢先哲們一般多正面談仁、義、誠、信、禮，而不大喜歡談詐僞。但奇怪的是，史書中記載的使詐之事跡卻出奇的多，而且書中對這些人事多持褒揚態度。荊軻刺秦王，便找到秦王欲殺之而後快的樊於期，要「借他的腦袋一用」，樊將軍慷慨應允，他們都是爲了詐取秦王相信；要離刺慶忌，竟主動請吳王斬斷他的一支胳膊，殺掉他的妻子，目的也是詐取慶忌的信任；鴻門宴上，劉邦詭稱要上廁所而逃走，是詐；出兵之前，韓信明修棧道、暗渡陳倉，也是詐；曹操使士兵望梅止渴，劉備為避禍而韜晦，還是詐。一部史書眞是運詐無窮，詐樣百出。

為什麼史書中記載有如此多的「詐」？我總覺得這不僅僅是出於對人的智慧的一種讚揚。而且，「詐」還是現實人生中的一種保護生存的有效手段。例如，東晉大書法家王羲之就曾處於這種人生境地中。王羲之自幼便受王敦喜愛。一天早晨，他睡在王敦帳中醒來，聽到王敦與人談起叛亂的事，感覺到自己很危險，便故意吐出一些唾液弄髒臉面和被子，裝成睡得很香的樣子。王敦正議論時，猛然想起王羲之還睡在屋裡，便想殺他滅口。王敦到王羲之睡床邊一看，他正唾液四溢，睡意正濃，便打消了殺人滅口的念頭。王羲之因此而得救。如果把王羲之當時的處境放大為一種社會場景，那麼，求生的本能就會使「詐」成為人的一種本性。

「天降甘霖，農夫喜其澤潤，行人惡其泥濘」。孤立地談詐是不會有結果的。好人使詐與壞人使詐，為了正當利益使詐與為了罪惡目的使詐，那詐的意義是不同的。好人使詐，詐中有誠；壞人使奸，詐中藏奸。史書載：王莽其人，陰險奸詐。但前半生卻頗有孝名，而且為人十分謙恭。一次王莽的母親病重，公卿列侯的夫人們紛紛前來探望，王莽的妻子出來迎接，穿著布短衣，僅僅遮住膝蓋，別人都以為她是王莽家的女僕，問後方才知是女主人。王莽如此謙恭節儉的假面具直到公元八年他篡政時才撕破。故後人寫詩感嘆道：「周公恐懼流言日，王莽謙恭未篡時，向使當初身便死，一生眞僞與誰知」。

如果在一般社會狀態中就像在特殊的戰爭狀態中一樣，達成彼此都可以使詐的默契，那麼「詐」並不可怕，畢竟還存在一種公平性。可怕的是要求你必須忠，而我卻可以肆意詐，寧使我負天下人，不使天下人負我。可怕的是表面上總標榜直，其實骨子裡卻總是詐，此所謂大詐若直。凡大詐若直之人，表面上的誠，就是騙你忠，骨子裡的詐就是不許你詐。這是一種侵略，一種掠奪。自己常在詐人，自然怕別人詐己；越是怕人詐己，越是要去詐人。處於這種心態及人格狀態，恰恰被命運所詐。這是一場人生悲劇。所以，社會異化為戰爭，兵不厭詐；戰爭歸眞於社會，人人厭詐。

權謀

我於歷史很無知。我不知權謀思想首先是因爲社會的特殊狀態——戰爭的需要而出現，然後蔓延到政治社會，還是它首先是出於政治的一種必然需要而出現，然後才被運用於戰爭中。或者，它本身就是人類本質力量、人類智慧的一種存在形式，是這種力量、智慧本身具有的一種天然色澤。但我知道，權謀思想在中國文化中，占有一個重要的位置，頗具中國特色。

一提到權謀，我們馬上就會聯想到「奸雄」曹操。其實，這主要是小說《三國演義》產生的歷史作用、社會效果。誰說百無一用是書生？暴君可以殺文人，文人可以「殺」暴君。你使他少活幾十年，他讓你遺臭千萬年。這附帶的話並不是在臧否歷史人物曹操，也不是影射他假手殺了禰衡，而只是泛泛而論，只是一種隨想。曹操雖無愧爲權謀大師，但他也不是橫空出世，前不見古人、後不見來者的。他業有所承、術有所宗。比如說，在歷史上，第一個爲《孫子兵法》作注的就是曹公。這恐怕不是偶然的。

一部《孫子兵法》，從某種意義上講堪稱權謀結晶。它開宗明義：「兵者，詭道也。」它一再強調：「上兵伐謀。」它直言不諱：「兵以詐立。」它在十三篇中到處寫滿了「權謀」二字。孫子大談特談權謀，而歷史對他只有崇敬和頌揚，不見非難和諷刺。爲什麼後人一談權謀，就想到曹操而不是孫武呢？原來國人痛斥的並不是所有權謀，而只是某種權謀。任何戰爭都離不開權謀，沒有權謀便沒有任何軍事科學、戰爭藝術可言。孫子畢其一生談的都是「兵」，他的權謀談得精彩、談得深刻、談得有魅力，這所有都在於他談得道德。他對中華民族有功無過，當然也就無人非難。

當人們指斥這種權謀而讚許那種權謀時，便表示了權謀的概念發生了裂變。這是語言史上經常可以看到的現象。當思想找不到語言作歸屬時，思想就暫時謀求一個折衷的辦法。於是「權術」取代了「權謀」。雖然就字面語義來說，權術無非就是權謀之術。而權術實際上是特指政治生活中的一些不好的權謀。不好的權謀總是不能公開的、見不得人的，所以權術往往帶有「陰謀」的色彩；不能公開又必須面世，見不得人又必須施於人，所以權術往往又具有「詭詐」的含義。

政治中當然需要權謀。無權無謀，談何政治?所以政治要講民主、講透明度。忘了是美國當代的哪一位總統曾說過：「政治家必須生活在金魚缸裡。」但中國的封建時代很長，皇帝大權獨攬，口含天憲，「君臨天下」，獨斷專行，自然談不上什麼「透明度」。這樣，權術往往成爲統治術的代名詞。而且正如宋太祖趙匡胤在「杯酒釋兵權」時所說：身爲天子也有大難之處，我沒有一個晚上敢高枕而臥。因爲哪個不想得到皇帝的寶座呢?至高無上的皇帝只有一個，而人人都想做皇帝，怎麼辦?皇帝最簡單、最有效、最常用的文法就是：平衡。即讓二、三號人物彼此實力相當但又彼此隔膜。這樣就能彼此制衡。二、三號人物必須依靠自己（一號人物）才能克制對方。都必須依靠自己，這位置就能長期穩固。若眞的出現一個「一人之下，萬姓之上」的二號人物，那麼二號人物就能輕而易舉地取代一號人物。所以我認爲，在中國政治社會中，從來就只有一號人物，根本就沒有二號人物。帝王是一號人物，但宰相其實不是二號人物。因爲帝王是君，宰相是臣。帝王對宰相有生殺予奪的權力，宰相對其他大臣則沒有。縱觀中國歷史，若眞的出現「一人之下，萬姓之上」的二號人物，這時就必定會發生政變，會出現朝廷易幟、權柄易手的事件。如西漢末王莽篡政、漢末曹丕稱帝、魏衰政歸司馬氏、周主年幼而趙匡胤黃袍加身。由此看來，封建社會也並非沒有權力的制衡，否則它也維持不了這麼久。它只是缺乏對「君」的制衡。只有「政變」才是一種潛在的對「君」的制衡。換句話說，「君」自己制衡自己。在這種情況下，「君」自身的修養就成爲淸君與昏君的關鍵。所以「修身、齊家、治國、平天下」在這樣的社會裡十分流行。權的本義是秤砣。秤砣稱斤兩使秤平衡。故權者，衡也。於是權術也被理解爲特定的政治平衡術、駕御術。

皇帝坐擁江山，必須依靠一個統治階級作爲社會基礎。你大權獨攬，就得允許這個階級的成員中權獨攬。同理，達官顯貴要中權獨攬，又必須允許他的勢力構成人員小權獨攬。這麼層層權力下放，權術思想也就成爲一個全社會性的現象。何況任何人際關係中都含有權與利的問題。也就是說人際關係中本來就需要權謀。這時的權謀稍一異化，也就成了權術。

封建時代一長，權術也就成爲民族文化中的一個特色。人人都想當皇帝（這也許只是一種集體無意識，倒不是都明確地這麼想），人人都弄權、搞權術，智慧沒能用在該用的地方，結果出現「窩裡鬥」。

因上所述，中國歷史上堪稱權謀大師的都是政治家、軍事家。孫武、吳起、勾踐、呂不韋、劉邦、曹操、諸葛亮、李世民、武則天直至袁世凱、蔣介石。只是其中有的流芳百世，有的遺臭萬年。恐怕更多的無法明確定性、簡單歸類。有人厭惡權謀，所謂「老不讀《三國》」；有人推崇權謀，比如今天書攤上論權謀的書就很多。其實，對權謀是不能「一言以蔽之」的。

權謀補白

在好環境中成長的人對那些經歷了不順的人總有個看法：該輕鬆不輕鬆、該瀟灑不瀟灑，成天都作思索狀，像個哲學家，人們玩這玩那，他們只會玩一樣——「玩深沉」。這話說得也不無道理。

成天作思索狀，是在幹什麼？無非是在「權」、在「謀」。什麼是「玩深沉」呢？玩，可作玩味解，即細細體會；深沉，思想感情不外露，也有難測的涵義。可見這評價裡包含有這代人權謀心重的意思。「玩深沉」並非不好。人生微妙、社會複雜，生活在這世上不容易，你不「玩深沉」，行嗎？「玩深沉」並非就好。人生在世，只當旅遊，「何不瀟灑走一回」；你卻像個搬運工，非要背個沉重的十字架，權謀來權謀去，豈不把人生給權謀了？

新生代只知道這代人重權謀，「玩深沉」，卻不理解這代人之所以如此的苦衷。看見新生代們想跳舞就去跳的士高、霹靂舞，想批評政府就直呼某某某，想與情人親熱就旁若無人、想打架就手一揮，自己的青春卻一去不復返地永遠給「深沉」掉了。那時他們何嘗願意權謀。但那是個權謀時代，你想不權謀也不行。……處在權謀經歷中，你總不能傻乎乎地一味輕鬆、瀟灑吧？

於是每個人都必須懂得要「三思而後言」、「三思而後行」。「人人防我，我防人人」。一防，自然權謀盛行。

我的朋友曾告訴我一個故事。他說：法國封建君主路易（是路易第幾或十幾，我忘了，但不是被法國大革命送上斷頭台的路易十六）的一生，給人以勵精圖治、睿智天縱、道德堪爲楷模的印象。但在臨咽氣之前卻對左右說：「我這一生演得還不錯吧？」。至今我並未捉摸透這故事的涵義，但這故事卻從此留在我心中。我總在想那路易：一生都作假演戲，何苦（多麼苦啊）、何苦（何必來著）？可能（不是一輩子都在演麼）還是不可能（爲什麼臨死前又要說那麼一句呢）？

「玩深沉」的人們，對權謀的心境一定十分複雜，就像辛棄疾寫的《醜奴兒》：「少年不識愁滋味，愛上層樓。愛上層樓，爲賦新詞強說愁。而今識盡愁滋味，欲說還休。欲說還休，卻道天涼好個秋。」

兵形像水

孫子愛談水。他談兵之「形」、兵之「勢」、兵之「奇」時無不以水取喻。「夫兵形像水，水之形避高而趨下，兵之形避實而擊虛，水因地而制流，兵因敵而制勝。故兵無常勢，水無常形……」；「勝者之戰民也，若決積水於千仞之溪者，形也」；「故善出奇者，無窮如天地，不竭如江河」；「激水之疾，至於漂石者，勢也」。雖然孫子也提到五行（水、火、木、金、土），此後還有「五行」陣，但正如《唐太宗李衛公問對》所說，那不過是「強名五行焉。文之以術數相生相剋之義」，兵法要旨不過就是「兵形像水，因地制流」。

爲什麼孫子愛談水呢？因爲「孫子尙智」。孔子說：「智者樂水，仁者樂山。」也許因農業社會的特點，故中國古代文化常「師法自然」。中國傳統的許多思想、觀念都因水而得以成形，許多智慧、謀略都因水而得到啓迪，許多感覺、情緒也都因水而得以寄託。老子的《道德經》對水極爲推崇。其中說：「上善若水，水善利萬物而不爭，處衆人之所惡，故幾於道。」（上善：最高的善；惡：厭惡，水性處下，容污納垢，故爲人所惡。）唐太宗對水有一種又愛又懼的複雜心理。他說：民若水也。水能載舟，水能覆舟。至於文學作品中，水中寓情，寄情山水的詩更不勝枚舉。《詩經》中的《關雎》、《蒹葭》、《揚之水》；屈原的《離騷》、《九歌》、唐代的孟浩然、王維等等，無不如此。把各方面的水匯聚在一起，簡直可以說形成了中華民族的「水文化」。

「水文化」反映出中華民族的「水」性格。水的特點是什麼呢？是柔弱至極又堅韌不拔，善於變通而適應性很強。以其主幹漢民族而論，歷史悠久、源遠流長，但又苦難深重、內憂外患不斷。其歷史上曾幾度被外族統治。但外族用武力征服了她，她卻用文化同化了外族。民族傳統、民族文化始終保存、流傳。這種外柔內韌、柔形韌質、以柔克剛、以弱勝強的性格特徵，不正是水性格的寫照嗎？難怪老子說：「天下莫柔弱於水，而攻強者莫之能勝，以其無以易之也」，「人之生也柔弱，其死也堅強（死後僵硬）。草木之生也柔脆，其死也枯槁。故堅強者死之徒，柔弱者生之徒。」

另一方面，中華民族性格有較強的變通性和適應性。不能說中華民族的歷史一成不變，雖然變得緩慢，但畢竟總是在變的。否則，如此悠久的民族文化絕不可能流傳到今天。有人認爲，世界上曾存在許多悠久的民族文化；但眞正能保存至今的，僅中華民族一個而已。不過這種變異不是急風暴雨、雷霆霹靂式的突變，而是潛移默化、潤物輕無聲式的漸變。有些民族的歷史變化像數學上的十進位制，中華民族的歷史變化像數學上的二進位制（萊布尼茲的二進制計算器就是由中國八卦而得到啓示）。總而言之，有的外民族的歷史變革像火，中國的歷史變革像水。急變往往會使一種文化傳統面目全非，漸變中卻往往使文化傳統滲透於新質中。也許這也是中國農業社會如此漫長的原因之一。一個人的性格就是他的命運。一個民族的性格也是如此。

現在我們可以明白爲什麼孫子愛談水。戰爭的本性本來應該是火。但孫子不肯談火，幾乎不取「火」作爲表達戰爭「形」、「勢」、「攻」、「變」的意象。他所重視的戰爭是以計謀韜略爲主要的「上兵伐謀」，而不是血火映照的「其下攻城」。正因爲孫子尙智，所以他把「計」，放在第一篇，談計、談謀、談形、談勢、談變、談奇，而這些都是可以從「水」取得意蘊的。此外還有這樣的原因：陰陽五行，相生相剋。而剋「火」的正是「水」。孫子在談水、在表達愼戰去殺的思想時，無意識中也就流露出中國文化、民族性格的特徵。也許，《孫子兵法》所具有的民族文化的代表性，比一般研究孫子的學者們所想像的要大得多、典型得多。

無形

孫子認爲，敵我對陣，攻守之時，要做到「形人而我無形」。形人，就是利用各種手段察明敵情，或使敵軍眞象暴露出來；無形，就是讓敵人怎麼也看不出我方端倪，始終弄不清我的意圖、底細。形人，就是讓敵人的眞面目顯露得如同日晝；無形，就是使自己的眞象隱蔽在黑夜中。我在暗處，你在明處，我攻你，衝其虛，我守你，防其強；而你攻不知所攻，守不知所守。以暗打明，哪會有不勝的道理。孫子一想到打仗能打到這種境界，不禁樂不可支地說；「微乎微乎，至於無形，神乎神乎，至於無聲，故能爲敵之司命」。司命，掌握生命之神。

我家鄉方言中，「無形」幾乎成了口頭禪。鄉黨口一開，就說「無形」地怎麼怎麼。那「無形」的涵義是「沒有料想到」、「無意識之中」。我懷疑家鄉人說的「無形」只是孫子所說的「無形」的一種世俗化了的變異。因爲日常生活中「有形」與「無形」、「有聲」與「無聲」的事物觸目皆是（聲也是一種形）；而且日常生活與戰爭中，有些道理是互通的。

爲人處世就有有形、無形之分。有人淺顯易見，有人高深莫測；有人一看就老實，有人難窺其城府；有人有說話慾，有人沉默寡言；有人居常守一，有人變化多端。儘管各種性格就其本身而言，並無善惡好壞之分，但一般來說，人們碰到那些喜怒形於色、淺顯守常的人有安全感，因爲他們「有形」；對那些胸有成府、不多說話的人有戒心，因爲他們「無形」。但同時，人們往往更重視後一種人而輕視前一種人。你對他不設防，可能是信任，也可能是藐視；你既然是在防範他，至少說明你知道這種人很厲害，你很在乎他。如此看來，人們在日常生活中也還是繃著「戰爭」這根弦的。我們也用不著指責這種心態，將之視爲國民劣根性，這不過是人生的一種正當防衛。

魯迅說過：嘰嘰喳喳的是麻雀，不聲不響的是老鷹，麻雀被老鷹吃了；嘰嘰喳喳的是老鼠，不聲不響的是貓，老鼠被貓吃了。眞個「此時無聲勝有聲」。鑒於禍從口出的教訓，民間就有很多教人無形無聲的格言，如「開口是銀（贏）、閉口是金」；「要顯功夫深，最好不吭聲。」你不吭聲，處於「無形」狀態，掩蓋了缺點，別人就無從下手了。魏晉名士阮籍身處封建季世，又要潔身自保。司馬昭想籠絡他，與他結爲親家，可是他成天飲酒，一醉就是幾十天，醉得「無形」，使司馬昭連說話的機會都沒有。權貴人物鍾會總想掌握他的把柄來陷害他，但只要鍾會上門，阮籍總是爛醉如泥，任你問什麼，他都「無聲」。阮籍以無形、無聲保全了性命。縱觀中華歷史，凡處亂世，豺虎當道，有多少人學阮籍。在死生關頭，每個人都可以成爲謀略家。

反過來說，惡的東西以有形出現，並不可怕；若惡而無形，那就是人類大悲劇。縱觀歷史，多少熱血男兒、青春女性爲封建倫理、封建禮教所戕害、吞噬。如果是有形的東西殘害你，冤有頭，債有主，你可以反抗，反抗也有目標；如果是無形的東西虐待你，你的抗爭就像和風車搏鬥的唐·吉訶德一樣，甚至比唐·吉訶德更可悲——你連風車的影子也找不到。更可怕的是，你於「無形」中受到它的迫害，還不知道在受迫害，這就完全取消了你任何反抗的意願。封建倫理、封建禮教就是無形無聲的惡，它於「無形」中扼殺人的天性，它於「無聲」中毀滅人的生命。也不是只有封建社會才存在這種「無形」的惡。西方黑色幽默文學中，最具影響力的是美國作家海勒的《第二十二條軍規》。書中所描寫的無處不在又哪兒也不在，什麼都是又什麼都不是，它悄無聲息的深重腳步在你頭腦中砰然作響，可是你就是看不清它是誰。那「第二十二條軍規」，就是當今資本主義社會中的無形、無聲的惡。

《易》曰：「形而上者謂之道，形而下者謂之器。」形而上，無形，故謂道：形而下、有形、故謂器。可見，「無形」，本來就是一哲學命題。所以，上面所說的「無形」，一般都含有兩層涵義：一是說既然是一種歷史性的惡，它就並不只具一般的形式，而有一種「道」的普遍性；一是說歷史性的惡並不出於任何個人的主觀願望，而帶有普遍的人類命運意味。儘管如此，對待「無形」的假、醜、惡，作爲人的天職，就是要像孫子說的那樣「形人」，去認請它、揭露它，使之現原形。同時，應把眞、善、美提高到「無形」，使之普遍開花，深入人性。我想，任何社會都會有眞、善、美與假、醜、惡。所謂理想社會只是：眞、善、美無形；假、醜、惡有形。

任勢

《孫子兵法》，第四篇專門說「形」，而第五篇專門談「勢」。由此可見孫子對軍事科學範疇的研究也極爲精致，獨具匠心。孫子認爲，善於打仗的人，必須依靠、利用客觀形勢，從而使自己也處於一良好的態勢。「任勢者，其戰人也，如轉木石。木石之性，安則靜，危則動，方則止，圓則行。故善戰人之勢，如轉圓石於千仞之山者，勢也。」

從物理學而言，任何物體都有能（做功的能力）。由於物體所處的位置不同，或者因物體彈性形變程度的不同，它所具有的勢能也不同。一塊巨石躺在山腳下的凹地中，它就喪失了勢能；若它高懸在高山頂端，它的勢能就特別大。弓如果不拉開，處於「弛」的位置，它就無法射出箭；如果弓如滿月，弦大大「張」開，它就能把箭射得很遠。就這麼個簡單的原理，卻可以廣泛地運用於軍事學及社會所有的領域。而且可以被運用得變化紛紜、出神入化。由此觀之，我們切切不可輕視一些簡單的東西，任何複雜艱深的事物都以這些簡單的東西爲依歸。人們最無法解釋、無法解決的往往是最習以爲常、最熟視無睹、以爲最簡單的東西。

任勢主要包括兩個方面：蓄勢和造勢。當你要做什麼事或與對方交鋒，也許形勢於你極爲不利，你就像那塊凹地裡的石頭，很難有什麼作爲，這時的策略是「靜」，以靜觀變。任何客觀外在形勢都是變化不定的。當形勢發生變化時，若充分利用這一變化，使自己的位置發生變化。你「造勢」了，巨石慢慢就到山腰上。這時你雖然有一定的「勢能」，但要完成事業或擊倒對方可能還力所不逮。所以你還要有耐心，還要積攢力量。你在「蓄勢」。形勢繼續變化，你再次抓住時機，巨石終於漸漸挪到山頂上。勢已蓄氣，勢已造成。於是你「動」了，從高高的位置上猛地滾下，一下橫空出世，「勢」不可當。

看歷史書，總可以看到新興力量、傑出人物最初時總是失敗連連。這是因爲當時「勢能」太小，容易被動挨打。但他們卻能百折不撓，善於蓄勢、造勢。這是他們最可貴的地方。隨著形勢變化，他們變得越來越強大。當形勢對他們最有利，而自己的力量又大到足以戰勝對方時，他們可以在失敗一百次後，以一次戰爭而縱橫天下。此所謂「時世造英雄，英雄造時世。」

大而言之，任勢也是中國文化中的一大哲學思想。歷代聖賢都強調「順天者昌，逆天者亡」。順天，就是任勢。歷代文化人都愛說「達則兼濟天下，窮則獨善其身」。這種人生態度也是任勢。只是中國文化中的任勢思想由於尙柔思想的牽扯，有時不免缺乏一種強悍的「造勢」素質。

人生在世，就在勢中。你生存於陌生的環境、社會，本身就具有一種

「勢」。你熟悉它、適應它、把握它，並學會如何利用對我有利的條件，避開不利條件，你就會在社會中成長起來，這也就是你在蓄勢、造勢。也許你蓄成大勢、造成大勢，成爲傑出人物；也許你的「勢」蓄得不多、造得不大，但你畢竟在「任勢」。任勢是人的一種本能、一種本質。

致人

孫子兵法說：「故善戰者，致人而不致於人。」致人，就是調動敵人，讓他中圈套，聽我擺布，掌握戰爭主動權。兩軍對陣，雙方都想「致人」而不願「致於人」。「致人」與「反致人」自然成爲雙方謀略交鋒的大焦點。故《唐太宗李衛公問對》就此評論道：「《孫子》千章萬句，無外乎致人而不致於人。」這評論一語道破，深得《孫子》之精隨。

我明知你想致我，我豈肯甘願被致；反之，我也想致你，你也不會輕易上當。彼此都要絞盡腦汁，勾心鬥角。於是「致人」之法花樣百出。許多謀略都結晶成「致人」的經典。調虎離山、聲東擊西、圍魏救趙、李代桃僵、欲擒故縱、拋磚引玉，以及美人計、反間計、假道計，無不如此。戰爭史上的精彩篇章，赤壁大戰，簡直是「致人」謀略的大匯展。蔣干勸降是曹操要「致人」；周瑜借刀殺蔡瑁、張允，是「反致人」同時又是「致人」；黃蓋的苦肉計、龐統的連環計，讓曹操以爲可以「致人」，其實卻是「致於人」。

戰爭只不過是社會存在的一種特殊狀態。所以社會中「致人」之術也屢見不鮮。要評論職稱了，卻派學術成就高的人出一趟美差，這是調虎離山；在改革大事上攻不倒改革家，就說他有作風問題，此謂聲東擊西；你要在業務上超過我，我就在芝麻綠豆瑣碎小事上和你糾纏不清，這叫圍魏救趙；開賭場，設騙局，先讓你贏些錢，再讓你輸個精光，這是欲擒故縱；政府的政策不准我開公司，我就讓親友去當法人，此乃李代桃僵；上司開明大度地叫下級提意見，意見提完了就發給你紅包，這叫拋磚引玉；不抓經濟管理、不提高經濟效益，而只派花枝招展的公關小姐去「攻關」，不言而喻使的是美人計；無中生有地打小報告，「一張郵票五元，調查小組查一年」，這不過就是反間計；至於以檢查爲名，這也試看、那也試用，這其實也有典故，叫「假道」計。

可惜的是，在正常社會中，正直的人，與人爲善、愛好和平、只遵循公道，不諳熟「詭道」，只適應公平競爭，卻不適應「戰爭」，以致在專心致力於改革事業時，因未能做到「致人而不致於人」而常常敗北。每見報紙上披露這類事件時，我常常想：他們可不可以採用歷史上著名的「請君入甕」之法，以其人之道還治其人之身，充分利用智慧優勢去「致」那些用歪邪「致人」之人呢？開始一想，覺得可以。上述「致人」之法雖名聲不好，但只是每每被奸人用在了不該用的地方，所以才被玷污。「乃知兵器是凶器，聖人不得已而用之。」比如說，奸人在大事上攻不倒你，就說你私生活中有情人。那麼你最好的還擊方法是：他說你有一個，你就說他有三個。你就可以「致人而不致於人」了。後來一想，又覺得不行。你如果說他有三個，他就會說你有十個；你又說他有十三個；他又說你有二十個；你再說他有二十三個，他再說……這麼弄來弄去，雙方勢必陷入惡性循環，陷入哲人黑格爾說的「惡的無限性」；在到底你有無情人問題上，你當然沒有「致於人」；但在事實上，由於你陷在情人問題上，致使人生目標發生了大偏差，最終在事業上一無所成。比起因情人問題「致於人」來，這豈不是不僅

「致於人」，而且更加「致於人」？我突然痛苦地豁然明白：英雄氣短，小人命長。是什麼樣的人，就會有什麼樣的命運。

治氣

我對中國古文化，有一種既崇敬又畏懼的感覺。崇敬是因其博大精深、源遠流長；畏懼是因其有許多概念若明若幽，頗具彈性，要明瞭其內涵、外延殊非易事。我以爲，中國文化所具有的這兩重性是相輔相成、相依相生的。中國歷史悠久、文明早熟。早熟的理論一般都帶有直觀（不用邏輯推導、不證自明，不是透過局部歸納到全局的，而是演繹得出）、演繹（先有整體，再由整體到局部，由一般到個別）的特點。早期文明是後期文明的胚胎。中國古文化在傳承、發揮的過程中，許多概念被廣泛地用於各個方面、被不斷地運用於各個歷史時期，也就自然而然地具有了外延大於內涵的特點。另一方面，當一個概念反覆地用來囊括自然、社會、人的各個方面時，從而就具有博大精深的形而上的意義；同時，歷代學者都可以對這一概念內涵作可能的塡充和發揮，使其久經歷史打磨而不衰。

中國的一些基本概念相對貧乏，但可以常用常新、一用就是幾千年；而外國則新概念層出不窮，但任何新概念也只能各領風騷幾十年。

天、地、道、氣、陰、陽等等即是中國古文化的一些最基本的概念。僅以其中的「氣」來看。哲學中談氣，「天地合氣，萬物自生」（王充）、「太虛不能無氣」（張載）；中醫更重氣，氣被認爲是生命本體、是「元氣」、「精氣」，而且連人體器官也有「氣」，如肝氣、胃氣、中氣；文藝也同樣談氣，如氣韻生動、文氣、書卷氣。簡言之，一切都有氣。天有氣，曰天氣；地有氣，曰地氣；歷史興衰有氣，曰氣運、氣數；社會有氣，曰民氣、風氣、正氣、邪氣；人自然更有氣，曰氣質、氣節、氣魄、氣色、志氣、勇氣。前時期興起的股票熱，「氣」又得到一次大普及的機會，據說「氣」支配股市興衰命運，有「散戶看大戶、大戶看機構、機構看人氣」之說。當然，打仗中也必有氣。「士氣」是戰爭勝負的關鍵因素之一；而「一鼓作氣」的典故便來自戰爭。

《孫子兵法》專門論述到「氣」。《軍爭篇》中說：「故三軍可奪氣，將軍可奪心。是故朝氣銳，晝氣惰，暮氣歸。故善用兵者，避其銳氣，擊其惰歸，此治氣也。」這裡所說的「氣」，是指士氣，即軍隊的精神狀態，精神振奮的程度。其中「朝氣銳，晝氣惰，暮氣惰」對士氣的分析與《左傳》中《曹劌論戰》的「夫戰，勇氣也。一鼓作氣，再而衰，三而竭」吻合一致。我們今天已經無法知道孫子是否知道長勺之戰，但這一吻合至少說明《孫子兵法》善於總結戰爭實踐中的經驗，並把經驗昇華爲理論。而文中明確提出的「治氣」更有其深刻的理論價值，氣雖然質無定形、難於捉摸，卻是一種實實在在的東西。「治氣」屬於一門軟科學。這是一門時至今日還尚須深入研究、有待完善，使之成爲一個體系的軟科學。

人需要治氣。諺語說：「一日之計在於晨。」意思是清晨是最寶貴的時光。這諺語與孫子的理論不謀而合。此即治氣的方法之一。人的精力是有限的。大腦處於興奮狀態是創造思維的最佳時機。這即是「朝氣銳」。當你處於這種狀態時，切切不可放過這一時機，這時你一定要思索那些重大的、平時難以解決的問題，而切切不可把這時的智力用於平時就可以想清楚的小問題上。又，「後發制人」也是治氣的另一種方法。兩人發生爭執，你不妨保持冷靜（其實是在蓄

「氣」），讓他咄咄逼人，讓他唾沫橫飛，讓他振振有詞，讓他滔滔不絕，讓他全部說完，讓他要麼再無新意地重複，要麼無話可說，讓他說得精疲力盡，然後你「於無聲處聽驚雷」，以蓄足之「氣」「擊其惰歸」，定可畢全功於一役。

社會上有些青年人愛在胸前或脖子戴上一枚徽章，徽章上寫著「忍」字，有的則是「制怒」二字。這說明他們聽取了「忍得一時之氣，免除百日之憂」的古訓，懂得人要治氣。而有的人心浮氣躁，一言不合便拔刀相見，以致成爲衝動型罪犯。這是因爲不懂得人要治氣所致。中國人歷來講究「小不忍則亂大謀」，尤其推崇「忍」。這當然是在治氣。但這只是治氣的一個方面。當忍則忍，當怒則怒，這才是「治氣」的全部眞諦。對腐敗現象，你能忍嗎？對「水貨」橫行，你能忍嗎？對物價飛漲，你能忍嗎？對歹徒無法無天，你能忍嗎？……你若都能忍，那不是「治氣」，而是沒「氣」。人無「氣」便形同枯槁。這些能忍的人一般都有這種心理：你搬起石頭能打破天？我忍而讓別人去不忍、別人都不忍，我便可以忍到頭了。可是如果每個人都這麼想，那麼這社會便在「忍」中沉寂下去了。這是非常可怕的。最不可容忍的恰是忍本身。原東德戲劇大師布萊希特的劇本《伽利略》中有句台詞：人們啊，你們有神聖的忍耐，你們神聖的憤怒到哪裡去了呢？

謀求早日實現現代化、自立於世界民族之林的中華，特別需要「治氣」。要調動一切精神力量，大力張揚民族志氣，始終保留變革的勇氣，大口吞吐我大中華的浩然之氣！

無法之賞

孫子說：「施無法之賞，懸無政之令，犯三軍之衆，若使一人。」無法之賞，意指沒有法令規定，即超越法定、打破常規的獎賞。獎賞是歷代兵家的一個心愛話題。如打完仗便「論功行賞」、「重賞之下，必有勇夫」。有的還說得使人駭然，如將金錢置於馬前、將鞭子置於馬後，就沒有誰敢不英勇之類。但它卻是中國文化中一個受冷落的研討對象。君子歷來恥於言利，更不用說獎賞了。其實，獎賞卻是管理學中的一個重要課題。甚至還關係到國計民生的大事情。古語說：無賞無罰，聖人無以爲活。

「燕昭延郭隗，遂築黃金台。劇辛方趨至，鄒衍復齊來……。」李白的這首《古風》講的是一個歷史故事。東周時，燕國被齊國攻破，衰敗不堪。燕昭王即位時，發憤圖強，決心復興燕國，報仇雪恥。他知道，要建立一個強國，必須有大量優秀人才。於是他思賢若渴，並向賢者郭隗請教招賢之策。郭隗對昭王講了一個「千金買馬骨」的故事：從前有個國君，渴求名馬。他派一侍從用千金巨額去買馬。那侍者卻花五百金買回一堆死馬骨頭。國君大怒，質問侍者是何居心。侍者答曰，您肯花這麼多錢買死馬，這事傳出去，還愁活馬不來嗎？果然，不到一年功夫，那國君就得到數匹千里馬。郭隗講完故事便說：您就把我當那堆死馬骨頭吧。燕昭王聽了，茅塞頓開。他爲郭隗「施無法之賞」，高築黃金台，並以師禮事之。不出三年，趙國名將樂毅、齊國著名學者鄒衍、謀士劇辛紛紛入燕，一時間群賢畢至、人才濟濟。燕昭王依靠這些人才，終於實現了自己興國雪恥的夙願。

大軍事家吳起對賞罰學問極有心得，運用起來獨具一格。他爲了做到軍令如山，有一次把一個車轅放在城的北門外，下令說：誰能把它搬到南門外去，就賞給他上等田宅。搬一根木頭怎麼會得到這麼巨大的獎賞呢？所以沒有人相信。木頭放了幾天後，有一個人覺得這也不過是舉手之勞，便試著搬了。吳起果然給了他巨賞。接著，吳起又把一擔豆子放在城的東門外，下令說：誰把它搬到西門外，賞他上好田宅。這次相信的人多了，都搶著去挑，吳起又按令行賞。不久，吳起要攻下秦國的一個烽火亭，他下令說：「明天進攻時，誰先登上去，不僅賞上等田宅，還讓他做大官。」第二天，士兵無不爭先恐後、奮不顧身，結果一個早晨就攻克了秦國烽火亭。

秦失其鹿，天下共逐。劉項爭雄，最終帶點無賴氣的劉邦稱帝、西楚霸王項羽自刎。個中原因，一代名將韓信也有分析。他認爲重要原因之一是項羽不懂「施無法之賞」。雖然他關心部下，善待下屬，時常噓寒問暖，但只是好行小惠，屬婦人之仁。只要到應該封賞爵位時，他就特別慳吝，把爵印的角撫摸圓了都捨不得給人。所以傑出人才多不被重用。而劉邦則完全相反，對部下素來傲慢不講禮節，但卻每每能「施無法之賞」。如在韓信寂寂無名時，他能聽從蕭何勸告，毅然決然地拜他爲大將。這是韓信成大氣候以後始終不肯背叛劉邦的一個重要原因，也是韓信所說的劉邦善於「御將」的一個表現。

賞罰問題在歷史上竟然有如此巨大的作用，原因何在呢？因爲它觸及的是人性的一個優點，同時也是一個弱點。趨利避害，人之常情。賞是規範人趨利，罰是告誡人避害。從經濟學的角度講，它涉及的是一個社會的分配制度；從政治學的層面看，它關係到社會的安危興衰。所以《貞觀政要》中說：「國之大事，惟賞與罰。」賞罰的關鍵是：「賞不加於無功，罰不加於無罪」（《韓非子・難一》）。「廢一善，則衆善衰。賞一惡，則衆惡歸」（《三略》）。有罪而有賞，勤勤懇懇勞動而受罰，那豈不是在用無聲的語言引誘人去趨惡避善？如此一來，罪惡在社會中橫行無阻。那可眞要壞大事了。

淨化社會風氣、強化法制建設，其中也有謀略問題。《尉繚子・武議》說：「殺一人而三軍震者殺之，賞一人而萬人喜者賞之。殺之貴大，賞之貴小。」殺之貴，是說貴在敢於誅殺罪大惡極的大人物，只有這樣的人物才會使三軍震肅。賞之貴小，是指貴在能夠獎賞那些應該得到獎賞的小人物。小人物因功而得賞，那麼任何人有功就都會有賞，自然誰都會趨善立功了。隨著經濟觀念的普及，當今社會開始重視獎勵。獎勵有突出貢獻的企業家、知識份子、體育明星等的消息，時常可見諸報端。對此雖見仁見智，看法紛紜，竊以爲此爲善舉，善莫大焉。只是還做得不夠。比如說，至今就未見到過「施無法之賞」。有的名曰「大獎」，其獎額卻令人啞然失笑——抵不上一桌酒席費。獎勵有功者，這一做法與傳統觀念、與一些隱秘的社會因素相衝突，自然會有阻力，但它公平合理，名正言順，於社會有利，故可行。更重要的是，懲惡揚善、獎功罰罪，能使所有的社會成員都趨善避惡、趨功避罪，這才是一個機制良好的健康社會。

數罰者，困也

上文說了「無法之賞」。無法之賞，絕不是無原則的獎勵，濫作獎賞。《孫子兵法》中說：「屢賞者，窘也；數罰者，困也」意思是若不斷地頒發獎賞，那是因爲你沒辦法鼓舞士氣，是窘迫的表現；你不斷地施行懲罰，是因爲你處境困難，擺脫不了困頓。

爲什麼說「屢賞者，窘也」呢？因爲你之所以屢賞，一定是因爲士氣低迷、人心倦怠，你沒有能力扭轉這一窘迫局面，於是只好把獎賞作爲唯一法寶；但連這唯一法寶也失效了，獎賞仍然振作不了士氣；雖然這一法寶不靈，但實在沒有新招，只好獎金加碼，一獎再獎，或者獎了這個不行，就再獎那個。而如此「屢獎」，不是正說明你的窘迫麼？同樣的道理，你處境不妙；士卒軍心渙散，均置軍令於不顧，雖下軍令，但令行而禁不止，你別無良方，只好懲罰升級，一罰再罰，或者罰了這個罰那個，施罰於衆。如此一來法紀廢弛，軍令全然失去了威力和嚴肅性，證明你困頓不堪，而且如此「數罰」也會使全軍更加困惑。

孫子的話是針對軍隊而言的。其實，同樣的現象也廣泛存在於社會中，同樣的道理也可以說明社會中的現象。

當今社會中存在「屢獎」、「數罰」的現象，其表現形式多不一樣，五花八門，有時還較隱晦，不易爲人察覺。有的企業家改革無術，提高生產力無方，只好以巧立名目、濫發獎金來維持局面；有的部門不是精兵減政、任人唯賢，而是人人調薪、個個升官，以至幾個科長一個兵；有的單位三天一小宴，五天一大宴，……這些都是變相的「屢獎」。另一方面，對某些經濟效益好的企業，這個部門光顧、那個部門上門、四面伸手，八方揩油，最終使企業困頓不堪；對發展教育事業的專用款項，這級「開源」，那級「截流」，雁過拔毛，羊過放血，最終窮了學校苦了孩子；這些無不是變相的「數罰」。這些「屢獎」、「數罰」之所以成爲一種社會現象，說明我們的法制尚不健全，管理上頗多漏洞。若不能制止這種現象，社會會處於困頓、惶惑、萎靡狀態。長此以往，不堪設想。

在今日的家庭中，「屢獎」、「數罰」的現象也屢見不鮮。溺愛孩子成了全家的重心。孩子該受獎時也獎，不該獎時也獎；父親獎一分，母親獎一寸，祖母獎一尺，外婆獎一丈。物極必反。溺愛的另一種極端表現是對孩子期望值極高。爲他買鋼琴、買電腦，要他科科成績名列前茅、門門功課都考滿分。一家人的榮譽、前途、命運都交給這株幼苗了。要一個人（何況是孩子）既膀闊腰圓地拿舉重金牌，又要他腰姿婀娜地體操奪魁是不可能的。於是孩子稍有失誤便以罰代獎，這也罰，那也罰，罰挨站、罰受訓、罰絕食、罰捆綁，直至把孩子「罰」上絕路。這種事報上見得多了。這種「罰」的溺愛與前述「獎」的溺愛可以說是「極端相合」，前者比後者有過之而無不及。「屢賞者，窘也；數罰者，困也。」這種家庭應以此作爲座右銘。

家者，社會的細胞也，軍國之雛也。教養子女如此，何況爲政牧民，於軍國乎？

廉潔可辱

孫子認爲將帥有五種危險，廉潔、愛民這樣的品格也在危險之中。他指出這潛在的危險是：你廉潔，我就可以用辦法侮辱你；你愛民，我就使你爲民所累、使你煩惱。

孫子這裡談的，是關於戰爭的謀略，而不是純道德的思辯。戰爭就是戰爭。戰爭不可能善良到不流一滴血、慈悲到不死一個人。打仗就是爲了取得勝利，要取得勝利就是要千方百計尋找敵方的弱點。這弱點可能是實力、智力方面的，也可以是人格、作風方面的。對打仗而言，這兩者並無道德意義上的區別，它們都只不過是敵人的弱點而已。無論在智力上、還是在品質上，越是沒有弱點的敵人，就越是己方最可怕的敵人。而在看來似乎沒有弱點的敵方將帥身上，又可以使其優點轉變成致命的弱點，從而找到克制他的方法，這正是一個傑出的軍事指揮家要做的事。

孫子更深刻的地方並不在於在一個事物的對立面身上發現其可轉化的因素，而在於他對事物本身深刻、複雜內涵的洞察。即任何眞正的、現實的事物都是一種矛盾的自我包容、一種對立項的自我兼蓄。所以眞、善、美只能以假、醜、惡爲存在的依據。那種單義的、純粹的、孤立的善惡道德論都只是一種淺薄的空想。

諸葛亮歷來被視爲古今完人。其實他也有「完美的過失」。他一生追求的統一中原的宏偉大業終究未能成功。後人的研究認爲，這與他的性格不無關係。史書說諸葛亮「端嚴精密」，這就使他出現一個缺點：求全責備。王夫之在《讀通鑑論》中說：他「明察則有短而必見，端方則有瑕而不容」，故用人總是「察之密，待之嚴」，結果許多人才「無以自全而或見棄」，有的則雖被「加意收錄，而固不任之」。人非聖賢，孰能無過？不僅如此，對人求全責備，結果諸葛亮內政軍戎只好「事必躬親」，「罰二十以上必親理」。如此清正廉明、鞠躬盡瘁，以至自己被弄得「食少事煩」，終於在五十三歲的英年含恨逝世。對諸葛亮我們有此一嘆：若不能對人採取一種寬容態度，那麼，「水至清則無魚，人至察則無徒」，或因小失大。

孫子的話不僅適用於軍事，也廣泛地適用於日常生活中。我新近搬進一間房子，新房子當然要保持乾淨，房子乾乾淨淨，人就感到舒服。要保持舒服，自然就得保持乾淨。無奈「小環境」總受「大環境」的影響，外面的灰塵無孔不入。奇怪的是，過去的舊房子不那麼潔淨卻不覺得空氣中灰塵很多，現在一乾淨，灰塵反而醒目。於是只好天天都拖地板、擦桌椅、不勝其煩。最不堪是來了訪客。要人家換鞋吧，總覺不恭；不換鞋吧，眞是「一步一個腳印」。於是只好在客人走後大動干戈地做清潔，一邊勞動一邊發出感嘆：皎皎者易污！

曾聽一位朋友講了一件事。他那兒有一個很具權力的部門，在這部門裡，人人都會時常得到所轄單位送來的「紅包」、「貢品」、「好處」。其中有一位公務員，爲人清正廉潔、潔身自好，凡人家送來的錢財禮物，他不僅不收，而且原封不動地退回去。可是過了一些時，這位廉潔的公務員不僅沒受表彰、被提升，反而被調離原「肥缺」崗位，到一個清水衙門「廉潔」去了。我驚問個中原因，這位朋友笑而答曰：這太容易理解了，這是再自然不過的事。如果一個部門中，人人都接受了「紅包」、「貢品」，唯獨你一個不接受，這豈不是在顯示自己廉潔的同時，證明了其他所有人的不廉潔。這樣，被你證明不廉潔的同仁們哪個會信任你，與你親近？哪一個不是會心中有疙瘩而把你視爲在背的芒刺？你是插在別人背上的芒刺，別人能不處心積慮地要拔掉你？要拔掉你，你自然就會看到各種意味深長的眼色和臉色，你會經常見到各種富於暗示性的動作行爲，你會在人不知鬼不覺中遭受到不顯山不顯水的冷槍和暗箭。簡言之，「廉潔，可辱也」。

聽了這故事，我十分敬佩這位不得志、深受委屈的公務員。我最敬佩的是：在別人都接受「貢品」時，他卻能敢於、堅持不這麼做。我相信許多雖然接受了「好處」的人，在本質上其實都是廉潔的。只要社會上別人不以權謀私，他們都可以輕而易舉地做到「拒腐蝕、永不沾」。但既然別人都這麼做，他們就覺得自己也有理由這麼做；如果別人這麼做，自己反其道而行之，他們覺得這倒有沽名釣譽之嫌，或者就像一個沒有現實感的與風車搏鬥的唐吉•訶德。所以，要做到

「與衆不同」，這是非常艱難的。而這位公務員卻做到了。「與衆不同」，他就超脫了衆人而成爲一個高尚的人。這不僅要有廉潔的品行，還要有卓然獨立的勇氣和永不妥協的毅力。這需要一種人格力量。

但在敬佩這位「無名英雄」的同時，我總隱隱約約覺得在這位公務員身上似乎有什麼悲劇性的東西存在。超越衆人，也就脫離衆人。此所謂「高而無民」。脫離了衆人，就會有一種「非平常人」的痛苦和煩惱，此所謂「亢龍有悔」。所以有許多大人物都渴望過一種平淡的普通人的生活。如果歷史告訴我們：人們就生活在灰塵的空氣中；生活在有灰塵的空氣中，這就是一種世俗的現實生活；這種沒有經過「過濾」、「淨化」的現實生活就是一種眞實的常態的生活，取消了其中的雜質也就會取消生活本身。如果是這樣，那麼，絕對的乾乾淨淨就永遠只是一種美好的理想。如果是這樣，那麼，「廉潔可辱」豈不成了一個現實人生中永恆的悲劇？

置之死地然後生

初讀《孫子兵法》中的一些話，總覺得孫子把人看得太透徹，驀然知危機處處。如兵法說：「三軍之衆，投之於險，此謂將軍之事也。」他不僅認爲將軍的責任是把軍隊投放在危險的境地，居然還冷冰冰、硬梆梆地說：「『死地』，吾將示之以不活。」不是不懂這其中的道理。當把軍隊投之於絕地，他們就不能不奮戰，不戰必然死，死戰可能活，所以「投之亡地然後存，陷之死地然後生」。但懂了這道理，卻還是不由自主地打冷顫——「陷之死地」、「示之以不活」，道理可以這麼說的麼？

仔細一想，又覺得自己的書生氣十分可笑。道理就是道理，即使說得再悅耳、它還不就是這道理？如果道理具有某種殘酷性，你就能逃避這道理？醫生爲癌症病人開刀，手握亮晃晃的手術刀，下手一刀，人體肌肉波浪般地兩邊翻開，你打不打哆嗦？可是刀還是要開的。一部文明史就是優勝劣汰史。羸弱的部落一個個被鯨吞了，智力低下的種族一個個滅亡了。如果你不能用智慧、用勇力攀上迅猛向前的列車，你就會被扔下，甚至被歷史車輪輾碎。你是打冷顫還是拔腿就跑——去擠那趟列車？

其實道理並不是只有詩情畫意的一面。它像一個人，有溫暖明媚、氣韻生動的面孔，也有冰冰冷冷、毫無表情的屁股。

時下商品經濟大潮湧動。有人下海賺了大錢，有人自甘清貧做學問。文化人「風聲、雨聲、讀書聲、聲聲入耳；家事、國事、天下事、事事關心」。雖在做學問，哪裡會聽不到潮漲潮落聲？魚、熊掌不可兼得，讀書人心理不平衡。爲了宣洩這種感情，於是我聽到一種名爲「溫水青蛙」的妙論。據說把青鞋放進溫水中，青蛙必死。它一進溫水，覺得暖和和、痲酥酥，怪舒服的，就懶洋洋地躺在那裡了。慢慢地溫度上升，青蛙終於發現不對勁，可是爲時已晚，它已經動不了。於是死了。做學問的人說，他們就是「溫水青蛙」。這是在說：「陷入生地然後死。」

其實，「下海」也好，做學問也罷，從這個意義上看，都是「生地」，從那個角度上講，都是「亡地」。「下海」需要背水一戰的勇氣，做學問也需具備破釜沉舟的精神。對人生價值而言，既然都是生死存亡之地，那就看你選擇什麼、怎麼選擇。

以迂爲直

「兩點之間，直線最短」。這是幾何學上的一個公理。所謂公理，就是它無法證明，任何人一看就知道，絕無歧見，所以它也用不著證明。剛剛學步的幼兒，作父母的站在他前面，手一拍，小傢伙便筆直地走「直線」，絕不會轉身走彎路。人應該走直路，既然連學步幼兒都知道，大概這是天生的、本能的，這也是人的一個公理。

世界上絕沒有任何一條路是筆直的，也絕沒有任何一條河是沒有曲折的。這也無須證明，也是一條公理。世界上沒有任何人在其一生只走直路，不走彎路；歷史上沒有任何一個民族——總而言之就是人類——在其成長過程中一路順風。這同樣也是一項公理。

現在有兩種公理。人天生就知道應該走直路，人歷來就必須走彎路。把兩者並列在一起，於是出現悖論。悖論是自然的奧秘，悖論是歷史的眞實；悖論，是人類的命運。

事實上，我們根本就無法想像一個人一輩子都走直路是什麼情形。他從母體中剛露出小腦袋就因降臨到這個世上而像歷盡滄桑後那麼會心地一笑？他發出的第一個聲音不是啼哭而是一首精美絕倫的詩篇？他剛剛學步就不跌倒而像劉易士那樣健步如飛？他一戀愛就不經歷初戀的苦澀煎熬而忽地與戀人融爲一體？他一研究《孫子兵法》就前不見古人後不見來者？……我的天！「兩點之間，線段最短」，他一口氣就筆直地跑完了「生」與「死」兩點之間的距離，那豈不是最短的生命，豈不是剛剪斷了與母體連接的臍帶馬上就又跑回到母親的子宮中？

當然，我們同樣無法想像、無法理解的是一個人怎麼可能一生都走彎路。那情形會是：他出世時，最先面世的不是腦袋而是四肢：（人出生時先露腦袋是不是一種神秘的昭示：作爲人來說，在這個世界首要的是腦袋？）他該學會走路了，可是他卻賴在地上不起來；他該背唐詩了，可是他還在牙牙學語地令人費解；他該結婚了，卻還停留於兒童時代只具其形、不得其神的「戀愛」遊戲；

……上帝呀，他的人生旅程將像卡夫卡的《城堡》裡的K，總想走到眼看著的城堡，可是城堡卻望不可及，左轉右繞就是走不進去。如此曲折漫長沒有盡頭的人生，就幾十年的歲月來說，那他簡直就是在經歷一次個體始終無法獨立存在的難產。

由此不難明白，人生總是處在「迂」與「直」的糾葛中。你想直接實現人生目標，你得學會怎麼走彎路，否則你永遠達不到這目標；你想成爲一個正直的人，則必須會作出一些「迂」的行爲，否則根本就無法存在於世上。人生中許多具體的東西也一樣。比如，你想要坐在某位置上時，千萬不要直奔那座位，否則就會被上司懷疑、遭同事嫉妒——你這小子想幹什麼？而要先繞著那個位置打轉——倒開水、掃地、送報。「迂」多了，你就以迂爲直了，反而會更快地坐到那位置上去。又如，說「滿地黃花堆積」，說「梧桐更兼細雨，到黃昏點點滴滴」。說「一川煙草，滿城風絮，梅子黃時雨」。這樣「曲線說愁」，反而能直接達到藝術效果。再如，你想向上司進言，切不可「巷子裡趕豬——直來直去」，而要去看看《觸龍說趙太后》。人家觸龍進諫多藝術。他先不談長安君作人質的問題，而是談起居飲食談自己對兒子的愛，說應該怎樣才算愛，最後的結論不說自明。觸龍如此巧妙「以迂爲直」，堪稱古代向君王提意見的藝術大師。

談戀愛也有這個道理。你要談戀愛，千萬別一見到你心目中女神就說「我愛你」，更加絕對不能提作愛。否則女神會認爲你這人太淺薄，甚至認爲你是流氓，避你惟恐不及。（熱戀中的人其實是極少這麼說、更不會這麼做的。他那時的心理上會覺得這是對女神的褻瀆。這種心理表明了一種因太想得到所以才怕失去的本能性的「以迂爲直」。）你要懂得「欲速則不達」的道理，應該先不談人怎麼漂亮而談她穿的衣服是如何美麗，先不談自己怎麼有文學修養而只談那些精美詩作精在哪裡、美在哪裡。進入熱戀時，正像電影裡一樣，你的戀人會突然一邊笑一邊跑開去。這時你千萬不要灰心喪氣，以爲她不愛你。你要明白她的這一「規避」其實同樣是出自本能的一種「以迂爲直」。愛情就像做遊戲。有遊戲就有規則。她這麼一跑，其實是在邀請你參與遊戲。其中的默契是：我跑，你追。她在前面跑呀跑，你在後面追呀追，這麼你跑我追，遊戲就完成了，而你也就「以迂爲直」了。

人生就是這樣。目標、目的、理想都是直的；道路、手段、方式都是曲的。沒有直的目標，人生便失去了方向，失去了動力，人就成爲茫茫大海中的一葉孤舟。沒有曲的歷程，人生便不是一支意蘊豐富的樂曲而只是一個單調的長音符，不是感情深厚的讚美詩而是枯躁而冗長的陳述句。人生總是在實踐著直與曲的統一，總是在化直爲曲、以迂爲直。人生的眞諦就在曲折的經歷中實現了自己執著的追求。

所以孫子說：用兵之法，「莫難於軍爭。軍爭之難者，以迂爲直，以患爲利」。孫子說的豈只是用兵之法。

說「將」

俗話說：國亂思良將。將是戰亂的產物。孫子說：「夫將者，國之輔也，輔周則國必強，輔隙則國必弱。」（輔，古車中輔木；周，指輔木與車周密相依。）「故知兵之將，生民之司命，國家安危之主也。」在戰亂的黑夜，是將星閃耀之時。故歷史名將大多能成爲開國元勛。他們雖以戰爭爲職業，但在那樣的年代，他們的職業卻能救百姓於水火，安邦定國於危難。外族入侵，抵禦外侮也是將帥大顯身手的舞台，他們往往最能表現民族魂魄，成爲民族英雄。

「將者，智、信、仁、勇、嚴也。」缺少其中之一，都算不得是良將。爲將者，必須在智、情、意各方面都有良好的資質和素養。因此，「三軍易得，一將難求」。戰爭常常是突發的。而古時不但沒有專門的軍事學校，連職業軍人也沒有，因此沒有誰可以在戰前的平常生活中訓練自己。所以我總覺得，一代名將也可能是天生的。即使後來有了軍校、軍訓、軍事演習，但軍校裡培養出來的也未必都當得了將軍。這裡面還是有天資的問題。

將夢寐以求的輝煌成就就是建功立業。率領千軍萬馬，馳騁沙場，「馬作的盧飛快，弓如霹靂弦驚」，「三十功名塵與土，八千里路雲和月」，那是何等的壯烈人生、平生快事！當將軍能最直接、最鮮明地滿足人的一種競爭欲望。中國象棋棋盤上常寫：棋逢對手，將遇良才。打贏了一場難分難解的大硬仗後，將也許會像哲人浮士德一樣地發出感嘆：站住，瞬間，你是多麼美好啊！難怪有人說：人間天堂，在聖書中、在馬背上、在女人的胸脯上。

但他們也一定有自己的苦惱。沒有正常的家庭生活，無法享受天倫之樂，長期處於緊張中，「將者，死官也」，時時還有死神在威脅，這些不可能不對將的人格、精神產生影響。而且更可怕的是功成名就，社會也安定了。為將者會忽然「拔劍四顧心茫然」，然後感嘆道：「贏得身前身後名，可憐白髮生」。再做點什麼有意義的事呢？「都將萬字平戎策，換來東家種樹書」，這無異於賦閒。和平是將軍們的末路。不過，最慘的還是那些出身在和平時期的天生將胚子。他們最多也只能忿忿不平地感慨：「寧為百夫長，勝作一書生」；或者無奈地吟哦：「使李將軍遇高皇帝，萬戶侯何足道哉！披衣起，但凄涼感舊，慷慨生哀。」

歷史上的名將與君王之間的關係是一個史家最熱門的話題。最有名的君將關係大概是劉邦和韓信。關於他們及他們之間的恩怨，很多已成典故。其中最有趣的是兩人的一次對話。那是劉邦當了皇帝後，對軍功高懸的韓信總不放心；而韓信也不能說一點野心也沒有。於是劉邦用計擒了韓信。此後，有一次兩人閒聊。劉問：你看我能統率多少人馬？韓答：您最多只能帶兵十萬。劉又問：那你能帶多少呢？韓答：韓信將兵，多多益善。劉嘲弄地笑問：你本事這麼大，怎麼還被我所擒呢？韓沉默一會，坦然答曰：您不善帶兵，卻善帶將。

我看這段歷史，總覺劉、韓在性格上有很多相似之處。這也許是韓信悲劇結局的原因之一。而且奇怪的是，打起仗來，韓信屢戰屢勝，劉邦屢戰屢敗。但最後劉邦稱帝，韓信爲臣。我不相信史書中說的，韓未當成皇帝是沒有用蒯通策。其原因之一大概在於劉邦更具政治頭腦，韓信軍事才能更突出。且人生各有各的路，走上某種路，只要値得走，就有他的操守。且人的價値是多元的，價値的表現形式是多樣的。熱衷政治者崇拜總統，熱戀中人痴迷情人，科技愛好者推崇科學家，愛「形而上」者師法聖哲，球迷心目中只有球王……人生成就大約始於此。

靜幽愼言

《孫子兵法·九地篇》云：「將軍之事，靜以幽，正以治。」對這句話，杜牧作注說：「清靜簡易，幽深難測，平正無偏，故能致治。」張預解釋道：「其謀事，則安靜而幽深，人不能測；其御下，則公正而整治，人不敢慢。」孫子這裡所說，其實不僅是「將軍之事」。

這裡先談「靜以幽」。

中國人好靜。「靜」成為中國古代的一種哲學。這有許多經典格言。如一動不如一靜，天不變道亦不變，以靜觀變、以靜制動等等。「靜」也是一種理想人格。一個孩子小時安靜本分、循規蹈矩，那麼這就是一個好孩子；而沉靜寡言、不苟言笑，這樣的人就堪稱君子。連人倫、性愛也要「靜」，典範的夫妻關係絕不是感情奔放的擁抱接吻，而是彬彬有禮的「舉案齊眉」。在文學方面，那些歌咏相對動蕩的社會而言要靜謐得多的自然風光、山水田園的詩歌，也許更能傳達出文化人追求恬靜安逸的心情。所以中國沒有像美國開發西部時的那樣充滿一些冒險情節的歷史故事、火爆的歷史長鏡頭，如果中國歷史的旋律不被金戈交加、鐵馬嘶鳴的不協和音干擾，那將是一曲安詳悠揚、恬淡自然的田園牧歌。

中國人的「靜」是很徹底的。因為這已建立在一種人格修養上。歷史社會是動是靜，這全在乎人本身，大自然的動與靜，這也只是人的自我體驗。所以「靜」之根在人。人的行為本於思想，人的思想本於欲望。如果能做到清心寡欲，這才眞正叫做「靜」。但人心本濁、人欲本熾。故要對人心予以靜化、對人欲予以節制。這種靜化和節制，從歷史文化來看，表現在個體方面是「克己」，表現在社會方面是「復禮」。「君子有三戒：少之時，血氣未定，戒之在得。」人一生都在戒，色、鬥、得都須戒。此即爲「克己」。「非禮勿視，非禮勿聽，非禮勿言，非禮勿動。」人不能亂說亂動，甚至不能亂看亂聽。此即爲「復禮」。因此，當把「靜」作爲人格修養的目的時，這時的「靜」便自然有了根本性的意義。

靜而致幽。人在靜中，就儘可能地少暴露自己的眞面目，可以因此避免留下讓人可乘的縫隙，他人無從認識你、摸清你的底細，這樣「靜」就達到一種幽深。可見，「靜以幽」有其人格理想的一面，也有其以封閉求防範的現實的一面。這出於現實需要的一面，就使「靜以幽」成爲一種人生的謀略了。以「非禮勿言」爲例，把它作一種現實謀略來注釋，就是「愼言」。《孔子家語·觀周》說：「無多言，多言多敗；無多事，多事多患。」俗語又曰：「病從口入，禍從口出。」民族文化中存在一種「語言禁忌」。民俗中，春節期間忌言鬼、死、完、破、斷、終等等一切不吉利的字眼。雞蛋只能說「元寶」，死只能說「老」，摔破了碗要自我安慰一聲「歲歲（碎碎）平安」。怕不吉利、故生禁忌，可見禁忌是一種防範。

中國人實在有太多的教訓和理由「愼言」。《三國演義》中，趙雲自報家門是河北常山趙子龍。常山即北岳恆山。說常山而不說恆山，在漢代是避漢文帝劉恆諱、在宋代是避宋眞宗趙恆諱。只因皇帝老子名恆，黎民百姓便不能說「恆」字，故連古已有之的山名也要爲之更改。誰要是不謹愼，觸犯此禁忌，那就是大逆不道。中國歷史上因語言不愼而罹罪的事例觸目皆是。元代是個「箭穿著大雁口似的，沒有一個人敢咳嗽的社會」，當時甚至制定了「妄撰詞曲」就要殺頭的法律。明代文網森嚴，當時的著名文人戴良、高啓、張孟兼等都因詩文致罪而被殺。清代的著名文字獄更爲盛行。康熙、雍正、乾隆三朝，前後共七、八十起。康熙時，湖洲富商莊廷瓏刻印《明書》，因書中不寫清兵入關時的年號，直書清太祖努爾哈赤的名字，結果被殺的有七十餘人，數百人被發邊爲奴。雍正時，江西主考官查嗣庭，出「維民所止」的試題，被認爲是「雍正去頭」而死於獄中。

誰能統計出那時代有多少人因一言不愼而被關進監獄、打入牢房、家破人亡？「歷史的經驗值得注意」。中國人能不「愼言」？能不「靜以幽」？

既然這裡說到「愼言」，不妨再談點感想。本來，「語言是人類最重要的交際工具」，語言在人與人之間的思想交流、感情溝通中有著十分重要的作用。可是我們從小到大一直被告誡不要多用這一交際工具，要「愼言」。剛會說話，剛懂事起，家長們就以滿臉的嚴肅表情囑咐我們：這事，那事，千萬不要亂說！學校裡寫作文，老師們會以嚴肅的語氣諄諄教導我們：這話，那話，完全不能這麼寫！記得曾有一個青年只因說了一句他要找一個像某個農村姑娘那樣身材的對象，而被認爲侮辱了那姑娘引起軒然大波！我怎麼也不理解：爲什麼眞實表達一個人自己眞實的思想感情會有如此多、如此重的「原罪」？人與人之間的溝通、理解本來就十分困難，如果你「愼言」，我「靜幽」，那豈不更使人與人陌生得形同異類？所以我總想這樣的社會：一個人可以自由自在地想到什麼就說什麼，無論他坦露了自己內心什麼隱秘，他不必因懼怕觸犯了什麼有形的東西或無形的東西而惴惴不安；別人也能從一顆眞實的人心去理解他，而不會莫名其妙的用外在各種各樣的社會禁忌來限制、排擠、扼殺他。無論一個人說了什麼，他畢竟是在開放自己的內心，是出於信任和尋求同情。只有「靜幽」，只有死活不開口，只有「萬馬齊暗」，才是以封閉和防範心理表明了對社會的敵意。也許，想到什麼說什麼，這注定了永遠只能是我的一種幻想。

從歷史眼光來看，「靜以幽」作爲一種理想的人格和作爲一種現實的人生謀略，兩者也許並不截然分裂，而是在更深的層次上兩者合而爲一。這就好比社交舞會。當一對男女在公衆場合跳舞時，有人認爲這只是一種純社會性的交際，追求一種美的藝術；也有人會認爲舞的形式只是一種遮蔽，骨子裡卻不懷好意，每一個舞步都是一種稀釋的性宣洩。其實這兩種看法並不像人們想像的那麼對立，這種舞蹈其實是兩者「二而一」的一種融合。古時諱莫如深的性禁忌被一種共同的認可所取代，但這種社會性的認可同時帶有一種規範和限制，這就是「禮」。認可與限制同時存在，這就是文明的眞諦。「靜以幽」也是如此。它作爲一種人生謀略時，並不是赤裸裸地表現爲對社會的敵視和防範，而是具有一種「禮」「格」的形式；而「靜以幽」作爲一種人格修養時，也並不只是具理想的色彩，其實也有適應現實社會的內涵。

是否可以這麼說：今天的某些現實其實就是過去的部分理想；今天的若干理想在明天也逃脫不了會成爲某種現實。在一定意義上，理想與現實並無絕對界線。這是人類的不幸，也是人類的幸運。歸根結蒂，這是人類的命運。

正以治

我對「靜以幽」有一種複雜的感情，但對「正以治」則只有一種單純的認識。把複雜和單純組合在一起的是孫子。

曾有人說過一句很深刻的話：一個時代的思想就是這個時代統治階級的思想。即使不帶強烈的階級愛憎來看，這句話也是很深刻的。同樣的，一個時代的流行風氣、社會時尚，就是這個時代上層社會的風氣、時尚。

戰國時，「楚王好細腰，宮中多餓死」。據說楚王不僅對女子「好細腰」，對男子也「好細腰」。因「腰」關係到仕途好壞，許多朝廷命官只好節食減肥，以致上朝時中氣不足，只好手扶牆壁才能走上朝去。漢代時，有《城中謠》云：

「城中好高髻，四方高一尺。城中好廣眉，四方且半額。城中好大袖，四方全匹帛。」眞所謂「上有所好，下必甚焉」。只要存在這種「上」與「下」的關係，這句話就歸納了一種事實。

在一定的歷史時期，「上有所好，下必甚焉」這一社會現象本身並不一定就好，也不一定是壞。這要看上所「好」的是善還是惡。是善，善成爲社會風氣，「上」功不可沒；是惡，惡成爲社會時尙，「上」難辭其咎。不過我之所以把這現象限定在一定的歷史時期來論及，是因爲我覺得，在一個價值多元的社會，在一個自我意識覺醒的時代，也可能不出「上有所好，下必甚焉」的現象。

治理一個國家可能很難，要不然怎麼會有那麼多的朝代滅亡了呢？治理一個國家可能很容易，我們確實也能看到一些國泰民安的太平盛世。一代明主唐太宗曾與臣子說到治理國家的秘訣。這秘訣其實也十分簡單、很容易明白。他說：要說治理國家難也確實難，說容易也實在容易。「其身正，不令而行；其身不正，雖令不從」（這話原出自《論語》）。孫子所說的「正以治」正表達了同樣的管理思想。

「身正」而已，這有什麼難以辦到的地方？不，這很難。「正」就是要公正，即以大衆利益爲準則，不因私而害公。權柄所在就是公衆的利益所在，要不然怎麼叫「權」呢？「權」正常的意思應該是使大衆利益可以得到一種協調、平衡。但手握權柄的人（所以這樣的人現稱爲「公務員」）若雜以私利就會使容易辦的事變得難辦，使本來十分簡單的問題變得複雜，使利變爲害。譬如買進口設備，當然應該買價廉物美的。這連三歲小孩也知道。可是偏偏有人非要買價高物劣的。個中奧妙誰都知道：買價高物劣的，才會有更多的「回扣」。公家損失了億元，個人收入了萬元。可是在「權」的天平上，萬元就比億元重。權力在此發生傾斜。權兮權兮可奈何？把一個有事業心，有才幹的人放在一個領導位置上，比把一個不學無術、碌碌無爲的衣袋飯囊放在這個領導位置上當然對國家有利、對大衆有利，可是每每坐在「老板椅」上的是後者而不是前者。這說來很奇怪，但現在我們學會了「見怪不怪」，許多人都不以爲怪。最可怕的就是「見怪不怪」。如果有人嚴肅地指出這是一種怪現象，很可能被認爲怪的不是這種現象，而是這個人——對這樣的事現在還這麼大驚小怪！「見怪不怪」成爲社會風氣，就會使人感到恐怖。

前些時候提倡端正社會風氣，提出一句口號，叫「從我做起」。我以為這口號很有見地。但也同時還應有句口號作補充：從上做起。《荀子·正論》說：「上宣明則下治辨矣，上端誠則下愿慤（謹慎誠懇）矣，上公正則下易直矣。」因為「上」在權力位置上。權力最危險的天敵就是「私」。我們倡導廉政、反對腐敗，反對以權謀私。其實以權謀私就是將權力私有化。權力本來是公衆的，把權力私有，事實上就是篡權。故史書上常把據國家權柄己有的人民公敵稱為「竊國大盜」。若國君大權獨攬、大權私有，為了統治的需要，就勢必要允許自己的大臣—支撐自己獨裁統治的支柱——中權獨攬、中權私有。大臣也一樣，自己中權私有，就得允許下屬小權私有。這麼層層都大權獨攬、中權分散，中權私有、小權分散，小權獨攬、微權分散……就會層層出「皇帝」，大皇帝、小皇帝、兒皇帝、土皇帝。皇帝層出，民何以堪？

唐太宗李世民可以說是深深懂得「正以治」眞諦的一位明君。他經常對臣子們說：「國家的滅亡，很少不是由於人臣的諂媚奸佞所造成的。」於是就有人上書，請求鏟除那些奸佞之人。李世民就問大臣裴矩：「你說誰是奸臣？」裴矩對曰：「他日陛下和群臣議時，不妨假裝發怒地試探一下，若有人據理力爭，毫不屈從，這樣剛直的人就是忠臣；若懼怕陛下的威嚴，曲意順從的人，那他就是奸臣。」李世民說：「我不能這樣做。按理說，君爲水之源，而臣爲水之流；如果弄髒了水源，卻去求得清潔的水流，世上哪會有這樣的事情呢？君主他自己就是個奸詐的人，有什麼資格去指責臣子不正直呢？我如今就要以誠待天下。前世帝王，好玩弄小的權術而自鳴得意，我常常爲他們感到可恥。」

李世民總是憂慮官吏們收「紅包」、得「好處」。有一次他暗地派人賄賂他們，以試他們淸廉與否。其中，司門史接受了一匹絹，李世民大怒，下令殺掉他。這時裴矩進諫道：「作爲官吏，接受他人賄賂，確實當誅。但是陛下故意派人行賄，使他接受，這叫『陷人以法』呀。這恐怕不是孔子所說的『道之以德，齊之以禮』的作法！」李世民聽後，高興地說：「像裴矩這樣的官員，可以說是善於糾正君王過失的人哪！」

如此「正以治」，李世民開創出盛唐氣象，史稱「貞觀之治」。

愛兵如子

戰爭是殘酷的事業。但戰爭又絕不能沒有仁愛。乍看之下這很奇怪，卻是歷史眞象。故孫子兵法中常常提到「仁」。他說爲將之道：「將者，智、信、仁、勇、嚴」；他說用兵：「視卒如嬰兒，故可與之赴深溪；視卒如愛子，故可與之俱死」；他說用間諜：「非聖智不能用間，非仁義不能使間。」

仁愛與殘忍是如此對立，以致有時竟很相似，兩者不易區分。這一現象在戰爭中表現得尤爲突出。只有視卒如嬰，才能與之「赴深溪」；因爲愛兵如子，所以可與之「俱死」。所以孫子在應愛兵如子之後，又加了幾句話：「厚而不能使，愛而不能令，亂而不能治，譬如驕子，不可用也。」一則歷史故事可以爲此形象地作注。戰國時期，著名軍事理論家、同時又是身經百戰的將軍吳起，與最下層的士卒穿一樣的衣服、吃一樣的伙食，一樣睡地鋪，行軍不騎馬，一樣地步行，還一樣地身負糧食。士兵中有一人身上長了毒瘡，吳起親自用嘴把毒膿吸了出來。這個士兵的母親聽到這事不禁放聲大哭。別人很奇怪：你兒子只不過是個小兵，而吳將軍卻能這樣善待你兒子，你怎麼還哭呢？這位母親回答說：諸位有所不知，當年孩子他爸爸也長了毒瘡，吳將軍也是這樣爲之吸膿，結果他爸爸很快就在戰鬥中英勇地死去了。我所以哭，是知道這孩子只怕活不了多久。

吳起不愧爲一名戰爭天才、一代傑出將領，否則他不可能眞正做到「愛兵如子」。雖然他的仁愛中滲透著某種意義上所說的殘忍——如站在那名士兵母親的角度看，但吳起的歷史意義、人生價值畢竟是將軍。把自己的士兵塑造成一名英勇無畏、馬革裏屍的戰士，這就是一名將軍的天職所在，這就是軍人之仁。至於那位母親因痛感失去愛子而悲泣，這無疑也是仁，是一位母親的天性所在，是親情之仁。無論是吳起，還是那位母親，在仁愛上都沒有選擇的餘地。我的評論其實也一樣：要麼站在戰爭的立場上，要麼爲那位母親的代言人。

軍人之仁與親人之仁雖殊途，卻也同歸。因爲仁愛即愛人。故此，將軍要「愛兵如子」，母親也應「愛子如兵」。

近年來中西文化、價値觀的差異是一個熱門話題。有人舉例來說明這種不同。一位年輕的中國母親在美當保姆。當剛剛學步的小湯姆跌倒在地時，他的母親只看了一眼，便繼續喝咖啡，看報紙。而這位中國母親一見湯姆跌倒，就像在國內一樣，趕緊跑過去扶他起來。這時，美國母親就來制止中國母親了。中國母親認爲美國母親缺乏對孩子的仁愛之心：孩子跌倒了連扶也不扶他一下。而美國母親則認爲中國母親的仁愛是一種殘忍；孩子跌倒了，連讓他學會爬起來的機會也不給！

中國家庭的孩子大多都是獨生子女，其父母一般都爲這種仁愛與殘忍的區分和仁愛尺度的把握而大費心思。在這點上，作父親的與作母親的也許經常會發生齟齬。這不過是感情與理智的衝突，兩者矛盾是常有的事，兩者又交織在一起，以致在觀念上出現差異。不過，我個人認爲，過於「婦人之仁」更多地滿足了女人的感情，而爲孩子著想得少了一些。儘管這份母愛是如此的眞誠，如此的感人。這裡推薦一部曾在世界電影大賽中獲獎的日本影片《狐狸的故事》。據說該片導演曾在雪地中追蹤拍攝一個狐狸的家庭長達一年多。

母狐生了一狐嬰，對之關懷備至。當狐嬰長大成一隻小狐狸時，影片中有一片段頗爲精彩而耐人尋味：小狐狸終於學會覓食了，當它覓食後興高采烈地歸來，母狐狸卻把守在洞門口，不許小狐進家門；小狐狸滿腹委屈，淚眼婆娑，苦苦哀求母親讓它歸家，母狐狸仍狂暴地把小狐狸咬得遍體鱗傷，強行將它趕走。小狐狸憂傷地走了，走向茫茫雪野。這時，悲壯的主題音樂奏響，一輪火紅的太陽在天空中升起。小狐狸悲憤地昂起頭，勇敢地去開創屬於自己的生活。又一隻狐狸長大了……

中國年輕的母親們不妨看看《狐狸的故事》。

老子曾說：「大仁不仁。」而《老子》一書又經常被人們認爲是部兵書。唐代王眞、宋代蘇轍、清初王夫之、近代章太炎都有此論斷。但不管「大仁」如何與殘忍相像，我認爲畢竟是有本質區別的。若表面上視卒如嬰兒、愛兵如子，到了危急時刻就只要士兵赴深谷去死，而自己不與之共赴、與之俱死，而是趕緊逃到安全地方，這就一定是狡詐的「僞仁」，是殘忍，而絕非大仁。

而且「大仁」也有「度」，過度即爲殘忍。仁者，人也。行大仁應本乎人性、順乎人情、合乎人道。以吳起而論，雖然他先後在魯國、魏國、楚國均有彪炳史冊的卓越戰績，而且是勇於變法的著名政治家，但我總認爲他屬於在「適度」與「過度」之間的人物，所以很難評判。如他「殺妻取將」，我讀此總覺陰氣攻心、毛骨悚然。也許我是不由自主地以「小仁」之心度「大仁」之腹。我們都知道，大詐若直的人是最難防的；須知，大殘若仁的人更須警惕。仁愛與殘忍雖有本質區別，在現象上卻只隔著一張紙。兩者間，差之毫厘，謬之千里。這毫厘的偏差，存乎一心。

戰爭中不能沒有謀略，卻更不能沒有仁愛。「兵之勝敗，本在於政。」而「政」者，「以仁為本」。戰國時，魏武侯與吳起共同乘船順黃河而下，武侯指著雄偉壯麗的河山對吳起說：你看，高山大川如此險固，眞是我們魏國的鎮國之寶啊！吳起立即答道：國家的安危盛衰，在於政治的好壞，而不在山河的險固。上古時南方的部落三苗氏，左有洞庭，右有鄱陽，雖地勢險要但因不修德政，失去民心，終被夏禹所滅；夏朝末代國君夏桀，左有黃河、濟水，右有太華山，南有龍口山，北有羊腸坂，山川險峻，卻因政治腐敗，結果被商湯趕跑。而商朝最後一個君主紂王，左有孟門山，右有太行山，北有恆山，南有黃河，由於殘暴無道，最後被周武王戰敗而自殺。由此可見，國家的安危「在德不在險」。假如大王您不修德政、不講仁愛，那麼就連我們這條船上的人都會成爲您的仇敵！歷史舞台上就經常上演「舟中之人皆敵國」的話劇。

雖然謀略隸屬於人的智慧、仁愛隸屬於人的情感，但兩者在深層意義上卻是二合一的。「紙上談兵」的表現之一即不能「愛兵如子」。當時秦趙交惡，趙孝成王命趙括爲統帥。趙括的母親緊急上書趙王，竭力反對任命趙括爲將。趙王召見趙母，問爲何不能命趙括爲將。趙母答曰：「趙奢（趙括的父親，趙國聲名卓著的將軍）爲將時，大王和宗寶賞賜給他的金銀財物，他悉數分賞給部下，自己一點不留。現在，趙括剛剛受命爲將，就作威作福，他的部下都懼怕他。大王賞賜給他的錢財寶物，他馬上拿回家裡收藏起來，或購置田產。大王看看這怎麼能和他父親相比呢！」趙孝成王不聽趙母之言，結果趙括被秦將白起打敗，四十萬趙軍全被坑殺，趙國從此一蹶不振。由此看來，一名眞正的將軍，不僅要有超凡出衆的謀略智慧，而且必須具有博大胸襟、仁愛之心。愛兵如子，這是非謀略之大謀略也！

齊勇若一

「兩軍相逢，勇者勝。」勇氣是戰爭勝負的重要因素。最早說到的戰鬥勇士是刑天。據《山海經》載：「刑天與帝爭神，帝斷其首，……乃以乳為目，以臍為口，操干戚以舞。」後人寫詩讚美道：「刑天舞干戚，猛志固常在。」但這是神話。最早把戰士的勇武精神寫得動人心魄的是屈原。他的《國殤》寫道：「帶長劍兮挾秦弓，首身離兮心不懲；誠既勇兮又以武，終剛強兮不可凌。身既死兮神以靈，魂魄毅兮為鬼雄。」但這是文學作品。奇怪的是，專門的軍事著作《孫子兵法》中，卻很少談勇。孫子只是在談「將」時，把勇作為將必須具備的五種品質之一；在談「勢」時提到「怯生於勇」（對此後人注釋不一），認為「勇怯，勢也」；再就是在「地篇」中提出「齊勇若一，政之道也」。

為什麼孫子不專門談「勇」呢？也許這可以解釋為孫子「尚智」，故只談詭、談計、談謀、談算、談法而不多談勇。但這個解釋未必能從根本說明問題。只要看看古代兵家的著作便可以發現，古代兵家幾乎一無例外很少談勇。而且涉及勇時，一般都與法度、獎懲聯繫在一起。《司馬法》中說：「從命為士上賞，犯命為士上戮，故勇力不相犯。」（對服從命令的人給予大獎，對違抗命令的人給予嚴懲，這樣有勇力的人就不會違抗命令了。）《潛書·兩權》中說：「軍中無法，雖勇不齊，其將可擒。」《三略》中說：「智者樂立功，勇者好行其志，貪者邀趨其利，愚者不顧其死。因其至情而用之，此軍之微權也。」（微權：微妙的權謀。）而吳起更是重視勇敢必須服從軍令。吳起曾帶兵與秦國打仗，進攻的軍令尚未下，一個士兵就非常勇敢地衝過去，砍了兩個秦兵的腦袋回來。吳起當即下令斬了這個勇敢的士兵。

從上述情況來看，古代兵家很少重視、提倡戰士個人的勇敢，而只倡導軍隊整體的勇敢（即「勢」）。但軍隊整體的勇敢是由軍中的法度、用將帥的謀略來規範的。譬如孫子曾明確說過：士兵哪裡會不怕死呢？「令發之日，士卒坐者涕沾襟，臥者涕交頤。投之無所往者，諸、劌之勇也。」後一句意思是，只要把他們置之死地，他們就個個都成專諸、曹劌那樣的勇士了。所以孫子提出「齊勇若一」。讓集體的勇敢高度統一。

不重個性重共性，不重生命個體而重社會整體，重仁、重智而不重勇，這一思想被歷來的思想家、政治家所提倡。孔子說「仁者必勇，勇者不必仁」；孟子曰：「此匹夫之勇也，敵一人者也。」匹夫之勇，即沒有智慧的個人性的勇敢。所以「齊勇若一」談的雖是軍隊，有其獨特性，但卻也是中國傳統思想觀念的一個縮影。

「齊勇若一」，也許十分合乎古代戰爭的需要，是有道理的。尚仁、尚智已經成為一種民族性格特徵，也必定有其歷史的緣由。但我在想，能否把勇與仁、智並重，並且作為塑造個體的人格來培養、來提倡。中華民族為什麼不能在仁義、智慧的同時更增強勇敢的品格呢？我總覺得，勇敢也是生命的要素、人的本質力量之一，是健全的人格所需要的。這無論是對一個民族、一個人都是如此。唐山大地震後，據有人了解，發現許多死於地震中的人並不被壓死、被餓死、被窒息死，而是面對巨大災變，無法正視生的殘酷，完全喪失了生的勇氣，生存意志崩潰，在恐懼中自己把自己扼死！而且，凡是像這樣自戕而死去的人往往都是孤獨的人；若有同伴在一起，這種自戕行為就大為少見！雖然大地震是十分罕見的人生特殊場合，但正是在這種情況下，人性的優缺點不再有任何遮蔽，因而表現得更鮮明、突出，從而也具有更使人驚警的說服力。

過去有一句話：「大河有水小河滿，大河無水小河乾。」其實這句話與事實不符。大河總是由小河匯集而成，所以實際上是：「小河有水大河滿，小河無水大河乾」。我們歷來提倡集體英雄主義，反對個人英雄主義。其實，兩者未必總是對立，集體是由個人組成的，沒有個體的勇敢，也就不會有集體英雄。

中華民族作爲世界四大文明古國之一，有悠久的文明史。這是世所公認的。但在民族史上，卻出現過數次外民族的入侵和統治。一個蠻勇的民族以武力征服文明程度高得多的民族，這在世界史上並不罕見。但這種現象卻提出了一個問題：難道一個民族越是文明就一定要以失去勇武精神作代價？難道發達的大腦就肯定只能長在嶙峋的四肢上？由此我想到我們今天對孩子的教育。許多家庭對孩子們的智力投資不惜血本，怎樣使孩子變得更聰明的書觸目皆是，可是很少有家長注意培養孩子的勇敢精神、剛強意志。在今日十分暢銷的幼兒讀物中，我就沒見過一本教孩子怎樣勇敢的書。而在孩子們未來的人生旅程中，也許他們缺乏的並不是聰明，而是勇敢。歷史需要有勇氣的中華民族；中華民族需要勇敢的下一代。

勇生於怯

《孫子兵法》中說：「怯生於勇」。由於孫子說話的語境不復存在，其準確含義很難把握，故後人對此話的注釋不盡令人信服。不過，這句話是可以用現代意識、新的語彙來闡釋的。但這時這句話就應該倒過來：勇生於怯。

打仗是勇敢者的事業。所謂勇敢，就是正視危險，不怕死神威脅。一個人只有知道什麼是危險才能正視它；如果根本就不理解什麼叫危險，儘管他無所畏懼，但卻不能說是勇敢。有一則軼聞，說是有幾個人在一起看誰能說出一件最危險的事。有一人說的被認爲最危險。他說：「盲人騎瞎馬，夜半臨深池。」這確實很危險，但卻不能說這位盲人最勇敢。同樣地，那些無視法律、動輒舞槍弄刀、殺人越貨的最危險的歹徒，也絕不是勇敢的人。一個無所畏懼只因他不知道什麼是畏懼的人，你能說他勇敢嗎?所以眞正的勇不是沒有恐懼，而正是有所懼，卻能不屈服於恐懼，超越恐懼。所以我們說：勇生於怯。

人生而有懼。這種先天的恐懼也許源於遺傳，即源於歷代祖先在驚心動魄的人生經歷中的恐懼體驗，這種體驗以至今無法破譯的神秘方式潛存於人的心理結構中。先天的恐懼也可能源於母體，即一個已經形成的有感覺的生命在自己存在於母體子宮中時，對一種黑暗、窒息的存在環境的混沌、蒙昧的本能感受。這種感受在生命個體具有明確的意識前就已經存在，但它只是一個似乎已經被遺忘（人有忘記那些恐怖東西的本能）、似乎永遠不再被喚醒、其實卻始終潛在於人心理最底層的噩夢。爲什麼外界出現異動，如電閃雷鳴，儘管它並不直接威脅我們，我們都會本能地產生一種恐懼呢？原因就在於這種天生的恐懼。爲什麼一個人天生地喜歡光明，讓他獨處在黑暗——儘管這黑暗本身並不直接威脅他——中時，他會產生恐懼呢？因爲這喚起了他在母體中的一種朦朧記憶。而且，這種似乎記憶起了什麼、卻始終無法清楚地記憶那是什麼的神秘感受本身，也會引起我們的恐懼感。天生的恐懼還可能源於一種生命意識本能。人有生就有死，死本來就存在於生命中，人因之存在一種「死本能」。同時，死與生俱來，又時時刻刻虎視眈眈地在威脅生，只要你清楚地意識到生，就必然會意識到死，恐懼因之成爲一種本能。所以，人生而有懼。

世界上沒有任何事情比戰爭更能威脅、危及人的生命。人因衰老而瀕於死亡時，死神顯得豁達大度、通情達理、溫文爾雅；人因疾病而生命垂危時，死神還像個紳士，與你約個日期，給你一個與之決鬥的機會；而在戰爭中，死神就像個心懷叵測又蠻不講理的陰謀家，你知道它時時刻刻都可能降臨，又根本無法猜透它什麼時刻降臨，而它偏偏經常在你最沒想到的時刻來臨。你知道它有無數種手段將你邀走，又預計不出它會使用何種手段，而它偏偏經常用你最不喜歡的手段將你邀走。它用心良苦又漫不經心，它蓄謀已久又弦弓盤馬故不發，這尤其使人感到屈辱、感到恐懼。所以，恐懼是戰爭中最普遍存在、最影響士氣的一種軍隊情緒。據美國軍事心理學家調查、統計，美軍參戰者近百分之九十都體驗過恐懼，其中百分之二十五的表現爲嘔吐，百分之十至二十的人表現爲大小便失禁。第二次世界大戰期間，美軍有一百萬人患戰鬥緊張症，其中四十五萬人因患精神病而退伍，這個數字佔美國軍隊因疾病退伍的人員總數的百分之四十。

但正因爲如此，勇敢才是一個軍人難能可貴的素質，是一個眞正軍人最重要的標誌。正因爲如此，勇氣才是軍隊最需具備的一種精神，是軍隊打勝仗的最重要條件。但是，勇敢不是由無知、愚昧產生，而是從恐懼中產生。要做到「勇生於怯」，首先需要對人生有一種洞悉。生命是一種自由。這不僅是個體的自由，也是一個民族的自由。誰侵犯了這種自由，誰就是在想毀滅人生的根基，人就必須抗爭。所以捍衛自由、維護正義是人生的意義、生命的價值所在。難道還有什麼比侵犯人生自由、毀滅人生價值更值得恐懼的嗎？所以，當人正視了這一根本的恐懼，你就能從容地面對死神的威脅。這樣他就具備了勇氣，成爲一個勇敢的人。

正如一個人在理論上懂得怎麼開車，並不等於他一上車就會開車一樣，光有對人生的洞悉還不夠，還要有克服恐懼的實踐。在戰爭實踐中，這就是一種意志的培養和心理素質的訓練。軍人的勇敢不是與生俱來的。唐代安史之亂時，張巡的部將雷萬春上城頭指揮守城。叛軍看到城頭出現一個將領，就一齊對他發箭。雷萬春沒防備，一下臉上中了六箭。他爲了安定軍心，忍住疼痛、不怕危險，動也不動地站立著。叛軍一時驚呆了，以為是張巡詭計多端，放上一個木頭人。雷萬春的勇敢，就是在戰爭中培養意志、心理得到訓練的結果。

「勇生於怯」在戰爭中只是表現得更集中、更鮮明；它在人生中其實具有一種普遍的意義。只要有生命意識就會有對死亡的恐懼。一個人只要想維護生命，就必須正視死亡的威脅。這時他就必須保持高度的警惕，也就是保持恐懼、超越恐懼。這世上威脅人生命的東西實在太多，疾病、痛苦、營養不良、地震、污染、旱災、歹徒、冤假錯案，當然還有戰爭。人怎麼可以生而無懼呢？但人生就是要和這些生命的敵人作抗爭，這是一場無始無終、無時無刻不在進行的艱苦卓絕、感天動地、悲壯無比的鬥爭。一想到此，人怎麼可能不「勇生於怯」呢？

威加於敵

上文說了「勇生於怯」，總覺得有什麼東西還未能表達，故有這篇「威加於敵」。

人生而有懼，這是人生的一個弱點；勇生於怯，是人性的一個優點。勇與怯之間有巨大的可塑性，因此「威加於敵」也就成爲軍事謀略中的一個重要問題。竟然會拿人性的弱點大做文章，戰爭在此也就顯露出它的猙獰面目；居然敢拿人性的弱點來謀劃韜略，戰爭因而也顯示了人的悲壯。

「威加於敵」有一個最基本、最簡單的原則：使自己的軍隊克服恐懼、產生勇氣、具有威懾聲勢；使敵軍保持恐懼、喪失鬥志、士氣被摧毀。先從己方來說，要威懾對方，首先要己方軍隊具有一種昂揚的鬥志、凜然的氣勢。靠什麼做到這一點呢？在一定的歷史條件、時代觀念的局限下，一般說來，古代的軍事家們最經常使用的方法是依靠森嚴的軍法讓士兵「齊勇若一」。魏武侯問：「兵何以爲勝？」吳起對曰：「以治爲勝」。《尉繚子》說：「夫民無兩畏也，畏我侮敵，畏敵侮我。」《百戰奇略》說：「將使士卒赴湯蹈火而不違者，是威嚴使然也。」說得最極端最恐怖的是唐代軍事家李靖，他說：「古之善爲將者，必能十卒而殺其三，次者十殺其一。十殺其三，威振於敵國；十殺其一，令行於三軍。」

對待敵方，孫子提出「威加於敵」，使「三軍可奪氣，將軍可奪心」。以威奪心，敵軍勢必恐懼、膽怯、喪失戰鬥力。心理學研究表明：恐懼是指人遇到危險或想像危險時所產生的一種情緒。人如果受恐懼情緒左右，就會驚慌失措、陷入精神失常狀態。這樣，敵軍就喪失了冷靜的判斷力，人的感覺、知覺能力也大為降低，認識也隨之產生變形。譬如，把一種危險性大大加以誇張。危險越被擴大就越引起恐懼，越恐懼就越誇大其危險性。如此惡性循環，自然兵敗如山倒。

中國戰爭史上有一場著名的「淝水之戰」。時外表強大的前秦與東晉戰於淝水。在前哨戰中，東晉一舉消滅秦軍一萬五千人，東晉軍先聲奪人，秦軍士氣受挫。兩軍對壘，晉軍陣容嚴整、鬥志高昂，這使前秦軍主帥苻堅深受威懾，以至在觀看東晉軍陣容時，把八公山上的草木也誤視為東晉軍隊。這就是所謂「草木皆兵」。東晉軍主帥謝玄籌劃了一計，他要求前秦軍後退一步，挪出一塊地讓雙方決戰。苻堅自作聰明，想待東晉軍半渡淝水時出擊，便同意了。但待前秦軍聽到後撤命令時，軍心一下動搖了，隊伍失控；而謝玄則抓住時機猛撲過去；同時東晉軍派人在前秦軍中做內應，高喊：「秦軍大敗了！秦軍大敗了！」一下秦軍驚恐萬分，互相踐踏，各自逃命。以至在逃命時連風的聲音、鶴的叫聲都以為是晉軍在追擊。這就是所謂的「風聲鶴唳」。

對敵人施加精神壓力、使之產生恐懼的方法可以花樣百出。古時城濮之戰，晉將胥臣把虎皮蒙在馬背上，突然衝向敵陣，楚軍大駭而敗；南北朝時，齊國大將王長恭戴怪面具與敵撕鬥，使對方膽抖心寒。古代戰爭中的物質武器容易被新技術淘汰，但精神武器卻往往被發揚光大。當代英國與阿根廷之間的馬島戰爭，英軍就利用了各種手段造成阿軍的恐懼。英軍登陸，其實並未受到阿軍的頑強抵抗，但英軍仍然使用強大的火力，其目的只是想威加於阿；英軍包圍阿根廷港，日夜實施猛烈的炮擊，使阿軍精神無法鬆弛；英國還利用電台、報紙大肆宣傳、渲染在英軍中服役的尼泊爾士兵如何凶狠、強悍，以加劇阿軍的恐懼感。這種威加於敵的效果是，有的阿軍在戰鬥中聞風而逃，後來竟使有的阿軍軍官也精神失常。可見在現代戰爭中，威加於敵仍然是一個有效的謀略。

「古者，國容不入軍，軍容不入國。」（《司馬法·天子之義第二》）意思是，古時候，治理國家的規則法度不能用於軍隊，治理軍隊的規則法度不能用於國家。如果把對待敵人的謀略用來對待人民，那就更不能容忍了。誰要是把戰爭中的「威加於敵」用在和平社會中「威加於民」，誰就一定是人民的敵人。

治衆如治寡

「孫子曰：凡治衆如治寡，分數是也；鬥衆如鬥寡，形名是也」（《孫子兵法·兵勢篇》）。所謂「分數」，曹操注釋爲：「部曲爲分，什伍爲數」；所謂「形名」，曹注爲：「旌旗曰形，金鼓曰名。」這話的意思是：治理龐大的軍隊如同治理少量的軍隊，其方法，就是按一定編制將他們組織起來，比如一軍分三師、一師分三旅、一旅分三團，直至一排分三班；讓龐大軍隊像小隊人馬一樣步調一致。聽從指揮的方法，就是規定出通訊工具及其所表示的指揮信號，這樣指揮起來就有章法、不紊亂，譬如「令士兵望旌旗之形而前卻，聽金鼓之號而行止。」「治衆如治寡」，這是孫子提出的一個方法論思想和一種管理學思想。

我們從大科學家牛頓的一件軼事說起。經典力學的創立者牛頓有一次正在作科學研究時，不愼將一枚小針掉在地上。他俯下身子四處張望，卻始終找不到那枚小針。牛頓到底不愧爲大科學家。他終於想出了一個好辦法。他找來一支尺和一支粉筆，在他的工作室地上劃上整整齊齊的方格。然後，他蹲在地下，從上到下，從左到右地檢查每一個方格。只要檢查後沒有，就在那方格中作一個記號。於是很快就找到了那枚針。這是很典型的「治衆如治寡」。這種方法，用現在的術語來說，就是變無序爲有序。一個千頭萬緒、很複雜紛繁的問題，把握起來十分困難，你一旦將它序列化，解決起來就相當容易了。

有人寫起文章來很容易，很複雜的內容，他卻可以下筆千言，倚馬可待；有人感到寫文章極難，本來很簡單的想法，他卻愁眉不展、下不了筆。其原因是前者「治衆如治寡」，後者「治寡如治衆」。會寫文章的人，一般都會確立文章的核心，然後圍繞核心寫一個大綱，然後圍繞每一綱寫一個細綱，然後將每一條細綱寫成一句一句的話。提綱挈領的工作也許寫成文字，也許只打腹稿。但這個變無序爲有序的過程倒是必定會有的。如果我們 硬性將其程序化，那麼所謂文章只是：首先寫一句；其次圍繞這一句寫三句；再次圍繞這三句中的每一句寫三句；又次圍繞這九句中的每一句寫三句……如此這般，文章就寫成了。當然，我這麼說只是極而言之，且將其模式化了。

就這麼一個簡單至極的「治衆如治寡」的方法，卻可以運用於十分複雜的事物，並且卓有成效。我們見到大部頭的煌煌巨著，洋洋數百萬言，覺得簡直不可思議：這是怎麼寫出來的？其實僅就寫而言，無非就是利用上述的技巧寫出來的。更使我們驚嘆不已的是：語言是在表達一種思想，那麼這煌煌巨著所表達的博大精深的思想體系又是怎麼思考出來的呢？我猜想也無非就是像上述那樣想出來的。圍繞核心思想的方面越多，譬如別人只能分三方面，他卻分出了七個方面，這個思想體系就越博大，下設的層次越多，譬如別人只能下設三個層次，他卻能下設七個層次，這個思想體系就更精深。我這麼說絕無貶低煌煌巨著和博大精深的思想體系的意思。相反，每見到它們時我總情不自禁地發出「『高山仰止，景行行止』。雖不能至，然心嚮往之」的由衷讚嘆。這裡只是說：即使是最偉大的人物也有十分平凡的一面，最龐大的思想體系也有其簡單至極之處。

思考「治衆如治寡」中的管理思想、組織思想，使我想起一個歷史小典故。漢高祖劉邦手下有一個謀臣陳平。一年正逢社祭，鄉人推舉陳平爲宰，主持分肉。陳平把肉分得十分均勻，鄉里父老都交口稱讚說：「陳孺子爲宰，太稱職了。」陳平回答道：「如果我陳平得宰天下，也能像分肉一樣。」後來陳平在劉邦手下多有奇功，在呂后時果然擔任了丞相。呂氏死後，他與周勃定計，鏟除了呂氏勢力，重建劉氏天下，在漢文帝時繼任丞相。陳平年少時發此奇言豪語，我猜就是領悟到組織管理思想的精隨——「治衆如治寡」。看到現實社會中出現的混亂現象，有人強調政府必須提高管理水準，也有人認爲國家一大，管理起來實在太難，出現混亂在所難免。陳平的故事揭示出事物的另一面，國家大也可以收拾得有條理，也可以做到「韓信用兵，多多益善」。中央轄省，省分地市，地市下設縣（含縣級市）、縣管鄉鎮、鄉鎮下有村；各層級「上下同欲」，彼此間有機協調、相互溝通、奉行法制，上級以身作則，下級不令而行，有法度在，執法如山，有禁令在，令行禁止，如此就可以開創既有民主自由、又有集中統一，既生動活潑、又有條不紊的政治局面。這就是「治衆如治寡」了。

我有一個發現：歷代政治家中，出身在城鎮或在城鎮生活過者居多。這並非偶然。在相當的一個歷史時期小城鎮可以說是中國的一個縮影。自從「封諸侯，建城邑」以來，地方城邑就成爲一個相對獨立的社會實體。就在幾十年前，眞正有形有名、有樓有牆的「城」遍及中國大地。其中最多的是縣城。一個縣城在古代也就相當於一個諸侯國。這些「城」歷盡時光、風雨而仍在，它們在訴說著中國隱秘的歷史。在一個縣城裡，工、農、商、學、兵一應俱全，各種社會關係明朗在目。在那裡，你可以眞正深入了解根深蒂固的民族文化傳統，可以感受維妙已極的民衆生活方式和心理狀態，可以把握紛紜萬態的各種社會關係。相比較而言，農村太自然化、單一化，缺乏社會性；大城市太龐雜、太現代，太缺乏歷史。城鎭作爲一個象徵物，是「寡」；整個國家富有全部象徵義，是「衆」。曾在城鎭生活過一段時間的有心人，當他把這段時間的經驗、體會運用於大範圍時，他就很容易做到「治衆如治寡」，他就成了政治家。（和政治家一樣，傑出的文化人也大多出身於城鎭。但這裡不作專門論述。）

廟算

孫子曰：「夫未戰而廟算勝者，得算多也；未戰而廟算不勝者，得算少也。多算勝，少算不勝，而況無算乎！吾以此觀之，勝負見矣。」所謂廟算，是指古代用兵打仗之前，要在祖廟裡舉行齋戒之類的儀式，討論決定戰爭勝負的謀略。用今天的話來說，「廟算」就是論證贏得戰爭勝利的可行性，並作出領導層的戰爭決策。或者說「廟算」是「運籌帷幄之中，決勝千里之外」。對於「廟算」決勝令中國人最景仰的智謀人物當屬諸葛亮。諸葛亮最使人嘆服的是他的《隆中對》。遙想孔明當年，在隆中一邊躬耕隴畝，一邊高吟《梁父》，當劉備三顧茅廬，他卻以驚人的政治軍事遠見卓識，在草堂中話定天下三分。「隆中對策」，正是一種「廟算」。

當然，「廟算」畢竟只是一種預測和計劃。這是對戰略方面的總體規範。戰爭一旦打起來，形勢瞬息萬變，這變化絕不是任何人可以事先一切都設計好的。但並不能因此就否定「廟算」的必要。正如法國大軍事家拿破崙所說：沒有任何一次戰爭是完全按軍事計劃打的，但任何一次戰爭都不能沒有計劃。個中原因：「廟算」是戰爭在人腦中的一次大演習，是對戰爭的一種有意識的把握。戰爭中出現的不符合「廟算」的方面，只說明「廟算」需要調整，需要完善，而並不證明一場戰爭不需要自覺的把握。不作任何「廟算」的打仗是一種不自覺的打仗，是在「打亂仗」。有意識的戰爭總是能打贏不自覺的戰爭。

其實，人生也是如此。一種人總在規劃自己的人生，有長遠規劃、有近期目標，他們總在「自我設計」、「塑造自我」，這是一種自覺的人生。另一種人身處紅塵，從衆附俗，隨波逐流，缺乏自我意識，這是一種自在的人生。自覺的人生一定會比自在的人生具創造性、更能顯出生命個體的價值。俗話說：「成人不自在，自在不成人」。原意是，只有小孩子才無憂無慮，長大成人便有諸多煩惱。其實這話也可解釋爲：不自覺的人始終不能夠成爲成熟的人；成熟的人就是脫離了自在狀態的人。這種解釋與原意並不矛盾。因爲是人生就有煩惱，極言之，人生即煩惱，無生命的東西才是最自在的。要想絕對自在，那就只有捨棄生命。我也知道每個人都想追求一種自在境界，但這只是對煩惱的一種逆反。莫非這是人性中的一種「死本能」？

「廟算」有一個最重要的關鍵，就是「算」得科學不科學、明智不明智。不科學、不明智的「廟算」不算是眞「廟算」。我中華是一個重智慧、尙理性的民族。廣而言之，中國人無論做什麼事都有「廟算」傳統。譬如說我國建國後的國民經濟建設，從「三七五減租」到「耕者有其田」，就是「廟算」；又如每一單位、企業、機關、團體、學校，無不訂有「八年發展大構想」、「十年遠景規劃」，這也是「廟算」。這些都是眞「廟算」。

當然也出現過假「廟算」。引用明人江盈科《雪濤小說》中的一則故事：有一個人，家很窮。一天，拾到一枚雞蛋，回家興高采烈地告訴妻子說：「我發財了」。妻子問道：財從何來？此人拿出了那枚雞蛋。妻大惑不解。此人解釋說：我用這個雞蛋，借隔壁家的雞孵成小雞；小雞長大，就讓它下蛋；若雞一個月下十五個蛋；兩年下的蛋都可再孵成小雞，小雞長大又可下蛋……這樣雞雞蛋蛋無窮匱也。之後我再用雞和蛋換成小牛；小牛必然長成大牛，大牛必然要生小牛，生下的小牛又要長成大牛，更多的大牛又可生更多的小牛，如此大牛小牛又無窮匱也。然後我再把這些大牛小牛賣了換成錢，再用這些錢放高利貸；本錢生利錢，利錢轉本錢；本生利、利變本，錢生錢，又無窮匱也。這豈不是發大財了嗎?妻子一聽，也興高采烈，兩口子便盤算起這麼多錢怎麼用。男的自然要買田買房子，女的自然要買衣買首飾。但他們還是發現錢用不完。千不該，萬不該，那男的說：既然錢用不完，那我就娶個小老婆吧。他妻子一聽，醋性大發，「佛然大怒；以手擊雞卵」，雞蛋當場摔破了。表面上看來，「廟算」得層次清楚、邏輯分明。其實卻漏洞百出。且不說投資等諸多因素，只說一點：若這雞蛋孵出來的是公雞呢？正像一個歷來正經、舉止合規合矩的人，一旦荒唐起來，一定比一個平常就有些荒唐的人荒唐得厲害許多一樣，一個歷來就理智的民族一旦不理智，竟比那些本就愛荒唐一下的民族更喪失理智。

孫子說，「多算勝，少算不勝，何況無算乎？」看來，這話還要作點補充：要「廟算」，但絕不可「謬算」。「謬算」比「無算」錯得更遠。制訂計劃的決策者能不警惕嗎？

知彼知己

《孫子兵法》中流傳最廣、最爲著名的話大概就是「知彼知已，百戰不殆。」這句話無疑道出了一個眞理。既然是放之四海而皆準的眞理，那麼這就只是一個注定了永遠只能追求、而不可能完全獲得的理想。理想往往是一個神話。

誰看見過一個完全做到知己知彼、永遠立於不敗之地的軍人呢?「勝敗乃兵家常事」,這是「知彼知己,百戰不殆」的自嘲,前者也是對後者的一個補充。

再說,即使能做到知彼知己,也未必就能做到百戰不殆。如果充分考慮到對戰爭發生影響的所有因素,如果承認有一個超越戰爭存在的更巨大的存在,如果意識到人——哪怕他是一個最傑出的軍事家——的存在只是這個巨大存在中的一個存在,那麼你就得默認這個悲劇的命運。三國鼎立後,諸葛亮一直想完成先主的遺願:匡復漢室、統一中華。他無疑是一個在很大程度上做到「知彼知己」的傑出人物了。但他正因為知彼知己,所以才感到形勢越往後發展就會越對蜀國不利,才越產生到時機不再的緊迫和大業難成的憂慮。但他只能「鞠躬盡粹,死而後已」。他知其不可為而為之。然六出祁山,六次無功而還,最終在第六次出祁山時魂斷五丈原。知己知彼,卻不能百戰不殆。諸葛亮的悲劇命運,贏得多少人「出師未捷身先後,長使英雄淚滿襟」的感嘆。

然而,正因為「知彼知己,百戰不殆」是一個永遠都必須追求的境界,所以這句話才有永恆的魅力;翻開歷史,有多少軍事奇才以及多少能人志士在追求這一境界的過程中創造出了輝煌的業績，又有哪一個人不是爲了做到「知彼」，尤其是「知己」而艱苦卓絕、悲壯不已地耗盡了畢生的精力。爲了「知彼知己」，人類創造出複雜、精深的軍事理論體系和戰爭實踐體系。極而言之，哲學、心理學、文學乃至全部自然科學，又有哪一樣文明成果不是對「知彼知己」的追求呢？

知彼知己，這是一個事物的兩面。但「知己」是這個事物的根本，「知彼」只是這個事物的枝葉。不「知己」，就談不上「知彼」。你想了解對方，以什麼爲基礎、以什麼爲依據呢？只有以自己爲依據。故古語說：「察己則可以知人」。這就像讀一部文學作品，你憑什麼來感受作品、判斷作品呢？只有憑你已有的經歷、感受、智力。這就是接受美學中所說的「前理解」。

因此，要做到知彼知己，需要人具備良好的心理素質，需要具有廣泛的容受能力。廣泛的容受能力甚至包括對假、醜、惡的容受，只有良好的心理素質才能對付假、醜、惡。遼闊的海洋容納了無數珍奇海生動植物，但也是藏污納垢之所。當然，藏污納垢之後要淨化污垢，否則就無法容納海生物。人也是如此，眞善美的人並非沒有一絲一毫的假醜惡，但他卻能不斷淨化自己的靈魂。更不用說戰爭了。不知道什麼是詭道怎麼能夠應付得了詭道，不知道欺詐怎麼識別欺詐。當然，光知道這些是不夠的，你還須知道與此完全不同的更多東西。

知彼知己，這很難。你只能是「已」，你不是「彼」又要把「已」設想成「彼」，這是一難。好在有「人之常情」、「人之常理」在。這就是說，人與人之間畢竟存在一些共同性。你的敵人與你存有共同性，想到這一點叫人很不愉快。但這是事實。這也是人際關係中，叫你說不清道不明的地方，但卻使你能做到知彼知己。又好在「己」是「己」、「彼」是「彼」。一個人與另一個人畢竟有一些不同的地方。如果都相同，你也「知彼知己」，我也「知彼知己」，打起仗來豈不成了「以子之矛，攻子之盾」。所以要想知彼知己，既要把「己」當「彼」，又要超脫「彼」，反歸於「己」。歷史上的軍事家都是這麼做的。希特勒手下的驍將隆美爾大敗美國第三軍後，新軍長巴頓將軍走馬上任。隆美爾專門派人去美國調查這個新對手的家庭、經歷、性格甚至生活瑣事；而英國元帥蒙哥馬利則總愛把對手隆美爾的照片高懸案頭，苦苦揣摩這個「沙漠之狐」會產生什麼作戰意圖、會做出什麼決策。所以最難對付的敵手之間，往往又彼此「惺惺相惜」。

人往往有一種自我欺騙的本能，這是「知己」更難的地方。阿Q挨了打，分明是「兒子」被「老子」打了，可是他卻「只當是兒子打老子。」他不願正視自己，所以就欺騙自己。日常生活中，有的是自我感覺良好的人。其中那些不該自我感覺良好而自我感覺良好的人，都是「自欺」者。西方有句格言：「願望是思想之母」。人先有願望，為了滿足這個願望就產生了思想。欲望是人生的原動力。但人天生就期望趨利避害。那些於己有害的東西，是人所不願的，所以他也就盡量不往那方面想。這時對有害的東西的逃避就是自欺。太平洋戰爭期間，日軍為奪取中途島，預先進行了作戰模擬實驗。試驗時，日軍的航空母艦受到假設敵人的空軍襲擊，損失慘重。裁判裁定：南雲統率的航空母艦被九次命中，其中「赤誠」號和「嘉賀」號兩艦沉沒。可是，這次模擬演習的指導者，後衛艦司令宇垣海軍上將，卻專斷地抗議裁判的判決，把命中次數減少三次，航空母艦沉沒數由二減一。於是，原被裁定「沉沒」的航空母艦又參加了下一輪的模擬演習，從而得出了中途島之戰日軍必勝的結論。然而，在後來的實際戰鬥中，日本四艘航空母艦全被美國擊沉。連如此重大的事都自我欺騙，怎能做到「知彼知己」？中途島之戰日軍慘敗。

正視你自己、認識你自己，才能超越自己、塑造自己。超越自己是最難的，因爲最大的、最難對付的敵人就是你自己。金庸先生的武俠小說《射雕英雄傳》中，「華山論劍」的結局很有意思。東毒歐陽鋒與西邪黃藥師、北丐洪七公爭奪天下第一。東毒因練九陰眞經走火入魔，結果打敗了黃藥師和洪七公。正當衆人都對付不了這個「老毒物」時，聰明的黃蓉對歐陽鋒說：你不是武功第一，因爲有個人你打不贏。東毒問是誰，黃蓉答道：這人叫歐陽鋒。老魔頭一聽，頓時一愣，自問道：我是誰？歐陽鋒是誰？他在哪裡？黃蓉道：他在你背後。歐陽鋒回首一看，見到了自己的影子，於是與影子打鬥起來，打影子如何打得過，他轉身便逃，但影子緊追不捨，只嚇得他心膽欲裂，狂奔而去。我想那歐陽鋒：走火入魔，以至迷失了自我；迷失了自我，當然不能認識自己；不能認識自我，當然就不可能戰勝自我。故孫子曰：「不知彼，不知己，每戰必殆。」

避實擊虛

虛實，是軍事學上的一個大命題。虛則實之、實則虛之、虛虛實實、實實虛虛、以虛示實、以實示虛、以虛示虛、以實示實是軍事謀略中最爲常見、又最變化無窮的藝術形式。軍事題材小說中，往往把打探軍情說成是「探聽虛實」《孫子兵法》第六篇，篇名就叫「虛實」。可見孫子把這當作軍事學上的一個大問題來研究。

縱觀歷史，許多傑出軍事家都在「虛實」這一軍事謀略上花樣百出，使之常見常新，難以窮盡。

戰國時，富有傳奇色彩的著名軍事家孫臏曾以「增兵減灶」之計致龐涓於死地。「增兵減灶」依據的基本原理就是「以實示虛」。到南北朝時，另一軍事家檀濟道卻反其意而用之。。當時檀濟道奉宋文帝之命率軍征魏，凡三十餘戰，捷報頻傳。當打到歷城（今濟南市郊）時，因糧草不濟，準備退兵。不料宋軍中有人降魏，把宋軍缺糧的情況告訴了魏軍。若魏軍乘機窮追，宋軍勢必難逃全軍覆沒之厄運。爲救危亡，檀濟道心生一計。當夜幕降臨，他令士兵用斗量沙，並大聲報數，故意讓魏軍聽到。他又讓士兵把軍中所剩不多的一點米拿出來，撒在沙袋上，放置路旁。待天亮後，宋軍秩序井然撤軍，而檀濟道身著潔白衣服，悠然自得地坐在軍車上，舉止優雅、談笑風生。魏軍見此情景，又發現路上有糧、聯想到昨夜聽到的量斗聲，認爲宋並不缺糧，懷疑宋軍設有埋伏，而那投降的宋兵是詐降，意在引魏軍上當，便立即停止追擊。宋軍得以安然退卻。此即爲「以虛示實」。

誰都知道三國時一代人傑諸葛亮的「空城計」。此計即爲「以虛示虛」的最佳範例。公元三九四年，後燕王慕容垂逆其意而翻出新花樣。當時他率軍進攻西燕，分兵進駐要路，同時公開進行戰爭宣傳。西燕王慕容永得知敵軍壓境，便針鋒相對分兵把守各路關口。經過一個多月的對峙，慕容垂雖一再宣稱要進攻，卻故意按兵不動，慕容永見此情景，頓生疑竇，認爲敵方大張旗鼓而沒有動作，必定是想從南面迂回、乘虛而入，便只留下部分兵力，與後燕對峙，而將主力南調。等西燕主力南去，慕容垂親率主力直攻過去，一舉攻克西燕陣地。等慕容永倉促回師應戰，終被慕容垂打得狼狽大敗。慕容垂所用軍事謀略，恰是「以實示實」。

虛實雖變化無端、神秘莫測，但卻也萬變不離其宗。對主動進攻的一方而言，這就是「避實擊虛」。孫子認爲：虛與實是彼此依存、相互轉化的。敵人有實就有虛，虛就是其致命弱點。以防守面來看，「故備（戒備）前則後寡（兵力少），備後則前寡，備左則右寡，備右則左寡，無所不備，則無所不寡」。若我方集中兵力，「避其實而擊虛」，豈有不勝的道理？故孫子以令人神往的表情說：「能因敵變化而勝者，謂之神。」

一整部軍事史上，幾乎所有的輝煌戰例，可以說都是以「避實擊虛」爲傑作。以三國時期爲例，這時期最著名的戰爭是官渡之戰和赤壁之戰。前者爲曹操統一北方奠定了基礎，後者使三國鼎立的局面而得以形成。官渡之戰時，占據北方冀、青、幽、并四州的袁紹自恃兵多糧足，選精兵十萬，欲南下消滅曹操。當時曹軍兵力只占袁軍的十分之一。曹操在兩方面「避實擊實」。其一是以逸待勞，避其朝銳（實），擊其暮惰（虛）；其二是烏巢劫糧，避其兵力（實），擊其糧草（虛）。烏巢劫糧被歷代兵家認爲是這場戰爭勝負的關鍵。正如《百戰奇略》所說：「凡與敵對壘，勝負未決，有糧則勝。」其時袁軍糧草「盡積烏巢」，而偏偏烏巢守將淳于瓊；「嗜酒無備」，這就成了袁紹致命的薄弱環節。故曹操一旦擊中「虛」處，袁紹軍便像多米諾骨牌一樣節節敗倒。

官渡之戰，袁紹「虛」在糧草，而赤壁之戰，曹操則「虛」在水戰。精彩紛呈的赤壁大戰，周瑜、孔明高招迭出，環環皆死扣曹操的這一「虛」處。曹軍北來，不習水戰，但因有熟諳水戰的荆州降將蔡瑁、張允操持，曹軍水寨竟「深得水軍之妙」，於是周郎假手蔣干使出「反間計」；水上作戰，以弓箭爲最佳武器，爲了讓敵軍武器爲我所用，於是孔明「草船借箭」，使曹操當了回吳、蜀盟軍的「運輸大隊長」；赤壁之戰，「宜用火攻」，若曹軍分散，火攻的殺傷力就不大，而必須讓曹軍船隻連成一片，於是便有「周瑜打黃蓋」和龐統的「連環計」；火攻不能無風，所謂「東風不與周郎便，銅雀春深鎖二喬」，只有火借風勢、風助火力才能使火攻大顯神通，於是便有諸葛亮的「借東風」。只因「虛」處受此致命一擊，龐然大物的曹軍轟地一聲仆倒在地。

戰爭中的「虛」處、薄弱環節，在西方有一個生動的比喻詞：柔軟的下腹部。看西方格鬥片，常見格鬥勇士對準敵方沒有骨頭護衛的下腹，就是一記重拳，那敵人必會雙手捂住腹部、雙腿一曲倒在地下。這鏡頭便是戰爭中「避實擊虛」的一個十分形象的縮影。但既有「柔軟的下腹部」的說法，也清楚表明了人本身也是有實有虛的。事實上虛實也是一個哲學大命題。虛實現象是無處不在、無時不在的。人性中有虛實，人格上有虛實，言行上有虛實，生活中有虛實。因此，「避實擊虛」也成為人生中最常見、最變化莫測的一種謀略。這裡以魯迅先生筆下的阿Q為例。說阿Q他靠勞動養活自己，勤於勞動，也善於勞動。這是他「實」的地方。不幸「最惱人的是在他頭皮上，有幾個不知起於何時的癩瘡疤」。這可是實實在在的一個弱點，是他「虛」的地方。阿Q看來也懂點兵法，「虛則實之」。於是他對這方面防範極多、戒備極嚴。先是忌諱說「癩」，以及一切近於「賴」的音；後來推而廣之，凡是可能引申、影射「賴」的也忌諱，如諱「光」、諱「亮」，連「燈」、「燭」也諱。人們都笑阿Q，其實阿Q與常人並無異處。西施成天緊緊捂著胸口，那可能是她心絞痛；若韓非子成天以手撫頭，那可能是他偏頭痛；肚子上成天掛著熱水袋，這人一定有胃病；那人不沾肥肉不吃糖，她一定是要減肥。俗話說：哪兒疼，就說哪兒。人往往都是這樣。有一次我遇到幾年未見的一位朋友，他口一開就連珠炮式的大談兒子，我當時就覺得有些蹊蹺。果不其然，他兒子回家，他教兒子向我問好，那兒子馬上恭候一聲：祝你生日快樂！我的天，這兒子怎麼知道我在過生日？那天根本不是我的生日。

話題回到阿Q。阿Q的兵法畢竟學得太死，像這樣「虛則實之」其實是使虛更加「有形」，暴露得更明顯。畫虎不成反類犬，就變成了此地無銀三百兩。眞正的虛則實之，實則虛之。阿Q，你若防守時，可以虛則實之。別人說你癩，你就正視癩——你本來就癩嘛，只有正視癩，才能超越癩。這不是化虛爲實了？別人若非要糾纏「癩」的問題，那也無妨。他說「亮」，你就說「光」；他說「燈」，你就說「日頭」。什麼能亮過「日頭」？那他還能說什麼？你看，在虛則實之的同時，你也實則虛之了。你若進攻，那就要「避實擊虛」了。你不要光看頭呀，這太被動。你也看看他，渾身上下看仔細點，看見沒有？他是駝背。人家的頭上比你「實」，可背上比你「虛」。他說「癩」，你就說「駝」；他說「亮」，這時你可千萬別接這話題，更不能說「你還不配亮」，而應該說「高」；他說「燈」，你就說：「山」、說「峰」、說「不平」、說「弓」、說「蝦」……他一定再也不敢對你說「癩」了。不過，那魯迅先生就不會爲你立傳了，說不定寫得就是《阿Q正傳》。

出其不意

「出其不意」，我將從兩方面、兩個層次來談。一是形而下的軍事謀略中的「出其不意」；一是形而上的人生境界中的「出其不意」。雖然這兩方面、兩個層次相互關聯、相互滲透。

先談軍事謀略中的「出其不意」。

刀光劍影、槍炮轟鳴，這是戰場上可以看到的景象；謀略角逐、智力較量，這是戰爭不可見的靈魂。雖然不可見，靈魂的博鬥卻比肉體的博鬥更驚心動魄、更悲壯激烈。以智力來進行生死存亡競爭、來決定勝負命運，這是只有人類才具備的一種方式。其實，這種方式不僅見於戰爭，也見於全部生活。也許，以越來越複雜的智力來較量，以越來越高超的謀略來角逐，這就是一部人類文明史。

致命的打擊，往往是自己沒有思想準備的打擊；最高超的謀略，總是他人意料不到的謀略。這就是古語說的「動莫神於不意，謀莫善於不識」。這也就是孫子說的，「攻其無備，出其不意」。所謂謀略，無非就是你要算計我，我也要算計你；高超的謀略是要做到你的算計在我的意料中，而我的算計在你的意料外。要做到這一點談何容易。這需要人的思維具有巨大的想像力、有獨特的創造性。誰具備了這種想像力和創造性，誰就超越了庸常之輩，變成了超人。

出其不意往往具有「超常規思維」的特點。戰國時，強大的燕軍與齊國的即墨孤城軍隊交戰。即墨城守將田單別出心裁地挑選了一千多頭牛，把它們打扮成紅紅綠綠、稀奇古怪的模樣並在牛角上綁著兩把尖刀，牛尾捆扎上浸透油脂的葦草，這些牛宛如陰曹地府來的怪獸。同時又精選三千壯士，讓他們臉上塗滿五顏六色的油彩、穿上怪模怪樣的服裝。午夜時，田單一聲令下，即墨軍民用火點燃牛尾，一千頭牛不堪劇痛，發狂地直奔燕軍營寨；而三千壯士手持大刀長矛，齊聲吶喊，尾隨牛後衝殺過去。燕軍從夢中驚醒，只見大群從不曾見過的四腳怪獸和凶神惡煞的兩腳妖魔狂奔而至，一下驚得魂發天外，奪命而逃，死傷無數，連主將騎劫也糊裡糊塗地死於亂陣之中。這是一場歷史上十分著名的戰鬥。田單也因之名垂史冊。田單的勝利證明了謀略需要「超常規」的想像力和創造性。騎劫打仗從來沒想到可以這樣打，而田單卻這樣想了；別人從沒這樣打過仗，而他卻這樣打了。這就是他傑出之處。騎劫之所以沒想到仗可以這麼打，是因爲「常規」限制了他。「常規」是一個非常可怕的東西，它使人陷入平庸。

出其不意往往具有「逆向思維」的特點。常規對人的制約就是使人形成一種習慣性的、惰性的、僵化的心理定勢，也可稱爲一種「順向思維」。你「順」著想計策，我則「逆」著想計策，那麼我的謀略當然就出其不意了。唐朝安史之亂時，安祿山的部將令狐潮圍攻雍丘（今河南杞縣）城。雍丘久被圍困，守城的弓箭用完。於是守將張巡將成百上千身穿黑衣的草人，在黑夜中用繩子掛著往城下吊。令狐潮斷定是張巡派兵偷襲，就命士兵向草人射箭。等到天明，叛軍才發現身上插滿幾十萬支箭的「士兵」都是草人。數日後，又是黑夜，張巡把五百名勇士墜下城頭，叛軍以爲又是草人，又想「借箭」，都笑而置之，不以爲意。誰知這些眞勇士向令狐潮大營突然襲擊，結果幾萬名大軍竟被這五百勇士殺得落花流水，潰不成軍。黑夜中敵方有士兵出城，這一定是來偷襲的——這是令狐潮的一種源於以往經驗的「順向思維」。張巡判斷到令狐潮會這麼想，於是反其「意」而用之。第二次黑夜中士兵又出現了，這是令狐潮依據前次的經驗又形成一個新的心理定勢：一定又是「草人借箭」。而張巡則再次捕捉到對方的這一定勢，又一次發揮想像、再創新意，使對方受到一次出其不意的打擊。

再談人生境界中的出其不意。

任何一個人生活在社會中，都會受到他人的影響。他學會說的第一句話、學會做的第一件事，都是別人已經規範好了的。應該用腳走路，應該用口說話，應該吃這些東西，應該穿這種的衣服，應該七歲入學，應該學語文和算術，應該說一切得體的話，應該做別人稱讚的事，到了年齡就應該結婚生子，應該對社會和家庭有責任心……所有這一切，都是歷史、社會、人生規定好了的。這是人之常情、人之常理。

但如果每一代人、每一個人都只會說前人規定好了的話、只會做前人規定好了的事，那麼社會、歷史、人生就只是無意義的枯燥乏味的重覆。所以每一代、每一個人總應該有出乎意料的東西。於是，有一天，有人說了一句前人沒有說過話，做了一件他人沒做過的事，穿一件前人沒穿過的衣服，想了一個他人沒想的問題，於是歷史、社會、人生發生了變化、增添了新意。出其不意，這是人的創造性和創造性的人生。

上述兩者也代表了兩種人生境界。一種人只會說前人說過的話、只會做別人做過的事，這就成了庸常之輩。如果一個人的一切都在別人的意料之中，那他的人生就沒「戰」了。這樣的人生實在令人悲哀、使人恐怖。一種人則不僅會說前人說過的話、會做別人做過的事，而且還會說前人沒說過的話、會做別人沒做過的事。這樣的人傑出偉大。我們常說，偉人也是平凡的人。指的就是他說的話、做的事既有合乎常規、順向思維的一面，也有超越常規、逆向思維的一面。顏淵曾喟然嘆道：「仰之彌高，鑽之彌堅，瞻之在前，忽焉在後……如有所立卓爾，雖欲從之，末由也已。」（仰視我的老師孔子，越看越覺得高大，越深入鑽研越覺得深奧，看看好似已在眼前，忽然又感到卻在後面……好像有一個高大的東西立在前面，儘管想攀登上去，卻找不到路徑。）這是因為孔子「出其不意」，很難把握。我們知道，偉人們總有一些驚世駭俗的言行，其原因就在於此。

當然，還有一種人。他們雖然說一些別人沒說過的話、做一些別人沒做過的事，但這些言行卻只有出人意料的一面，卻完全沒有合乎情理的一面。他們的出人意料不是以合乎情理為根基，而是與情理毫無關聯。這樣的人只是瘋子。偉人因時常「出其不意」，而被常人錯當瘋子；瘋人因時常「時出不意」，而被人錯當偉人。偉人因他的「出其不意」在更深刻的意義上合乎情理，所以畢竟是偉人；瘋子因他的「出其不意」只能以「出其不意」來歸結，所以畢竟是瘋人。

難知如陰

「難知如陰」，意即軍隊隱蔽時，就像濃厚陰雲遮蓋了天空，看不到日月星辰。孫子談的是用兵，我這裡談的是識人。

人性可以說是世界上最深邃、複雜的了。一方面，從古至今，人性的某種最基本的東西貫穿以一，始終未變；另一方面，即使是人性中十分普通的東西，我們卻歷來只知其然，不知其所以然。經常我們在人性中看到了世界上最美好的東西，也在人性中看到了世界上最醜惡的東西。人性的複雜與深邃就像視力不及的蒼穹。因此，人性是如此地令人熟悉而又陌生，如此地平常而又神秘。具體的人也一樣。一個最溫和的人偶然也會有狂暴的時候，這時的狂暴比一個火爆的人發怒更可怕；一個最理智的人有時也會因感情衝動得不能自持，這時的衝動具有一種毀滅性的力量；一個最道德的人在不經意時也會作出一個很輕浮的舉動，這個舉動其實發自內心深處；一個最善良的人說不定也會忽然冒出一個歹毒的念頭，這個念頭一出來就帶有一種深刻。對於人性，人永遠會拖著一條陰影。人性本來就有難知的一面。

人們喜歡陽光明媚、不斷追求光明，因爲光明符合人性需求、光明適合人生存、光明給人安全感。人們恐懼漫漫長夜，詛咒黑暗，因爲黑暗抑制人性、黑暗窒息人的感官、黑暗意味著無法知曉的威脅和危險。光明使人與人之間親近、融洽、和諧，關係健康。共同沐浴在溫暖的陽光下，兩個陌路相逢的人能見面就各自敞開心扉、相互傾訴眞情、彼此赤誠以待。這時兩人的心中都會充滿光明和溫暖。一個男性見到一個素不相識的異性，十分眞誠而隨便地喊一聲：「嗨！寶貝兒！」那位「寶貝兒」對此絕不奇怪，安之若素，同樣熱情而坦誠地回應：「嗨！夥計！」每當看到這樣的場合，這樣的境頭，內心就有一股浸滋全身的暖氣升起，覺得這其中富有詩意，沉浸在光明中。黑暗則使人與人之間關係病態、畸形、緊張、猜疑、充滿惡意。這時人的感官失靈，看不清事實眞象，聽不到眞誠的聲音，會感覺到一股透骨的寒意。人會對每一個碰到的人產生懷疑、不相信人性、甚至也無法相信自己——喪失了感覺和感知能力，你怎麼可以相信自己？

惡夢般的批鬥使我們置身在黑暗中。「人人防我，我防人人」。那時我們就像一個夜行者。無論我們怎麼睜大眼睛，我們也看不清黑暗。夜行者總是孤獨的，你聽見耳邊響起了另一個人的腳步聲，你不由自主地收縮了心跳，你警惕地聽著那腳步聲的輕重、快慢，同時加緊了戒備、防範。你總希望能從腳步聲中聽出一絲一毫的和平與友好，但你又始終無法相信他人，你也無法相信自己。也許那人的心情和你完全一樣。他也在嚴陣以待，高度警惕地戒備著你這個無辜的人。人與人就這麼無謂地無價值地彼此消耗精力和生命。況且確實會常常出現威脅和打擊。對這些你根本就無從防範、無法逃脫。你根本就不了解這打擊來自何方、因何而來。你無可奈何地信奉「天有不測風雲，人有旦夕禍福」。這使你對整個社會都充滿恐懼，感到命運叵測。就在對社會、對命運、對人性深感恐懼時，你自己也沉淪進黑暗的深淵。更可悲的是，經驗告訴你，你有充分的理由戒備他人，不要輕信他人。你不得不抱著惡意去猜度他人。你不由自主地把邪惡視爲正義。黑暗就這樣遮蔽了人性，使人「難知如陰」。

在正常、健康的社會中，也有人「難知如陰」。如果使人難知不是出於自身安全的需要，而是爲了更方便於危害他人，這就是陰險的人。「陰」是指他隱藏自己的眞面目，「險」是指其用心險惡。正因爲用心險惡，不可昭示於天下，所以才必須隱藏自己的眞面目。不露眞面目但又必須有一個面目出現，於是他把人生視爲一場面具舞會，成天戴著一個生動的、富有表情，表情還富有感染力的假面具，那就更可怕，因爲這假面具已達到一種以假亂眞的「藝術」程度。不過，最可怕的還不是這種兩面人，而是渾然天成的陰險人。不記得那位國外著名作家說過：最能騙人的謊言絕不是純粹的謊言，而是夾雜在七分眞實中的三分謊言。同樣的，最大的陰險也不是純粹的陰險，而是陰險用心與明朗的人性渾然一體中的陰險。這樣的陰險置根於人性，以人性的面目表現出來。你在信任人性的同時就上了當。這種人代表了人性中惡的一面。不能不說，這種人的悲劇帶有一種普遍人性的意味。

陰，也代表女性。女人難知。我站在男性的角度說這話時絕無半點惡意，也不含絲毫輕視，相反倒帶有神秘的娛悅之情和愉快的感覺。因爲從這種「難知如陰」中可領悟到一種人性中奏響著的奇妙詩意。好像是俄國作家列夫•托爾斯泰，他爲說明男女兩性的不同打過一個比喩。他說：男人會犯錯誤，女人也會犯錯誤，但兩者連錯誤也犯得不同。譬如問二加二等於幾？男人會說等於八；而女人則說等於蘋果。男人連犯錯誤也帶理性，女人在犯錯誤時卻富有感情。我時常就聽到女人說二加二等於蘋果。不知爲什麼，每當我聽到這個美麗的錯誤時就激動不已。女人眞容易「意識流」。西方文藝理論界有時就把「意識流」稱爲「女性現實主義」。「意識流」最能呈現出一個眞實的自我，所以賈寶玉說「女人是水做的」，清澈見底，還有人把女人稱爲「女人——不設防的城市」。但理性總是比感情簡單得多，潛藏在人心靈深層的意識就是呈現給你看，你還是會深感「難知如陰」。女人織毛衣，常常堅持不懈地織一件把時間和精力折合成金錢會是其五倍價值的毛衣。男人實在無法理解這是爲什麼。即使你自以爲理解了，她在織毛衣時，意識同時也由毛衣「流」到感情上去了，她打出的每一針都在宣洩著深情，其實你還是沒理解。理性怎麼能理解感情？

女人難知，男人想知。女人對男人始終是一個猜不透的謎。其實，猜透了還有什麼意思？因此，女性是男性永恆的追求。「難知如陰」，這是人性中的詩情。

兵貴神速

「兵貴神速」這一成語出現比《孫子兵法》要晚一些。但孫子卻明確地表達了這一軍事謀略思想，而且就此作了充分的發揮。《孫子兵法》說：「兵之情主速，乘人不及；由不虞之道，攻擊所不戒也」；「凡先處戰地而待敵者逸，後處戰地而趨戰者勞。」孫子還用形象的比喻說：「激水之疾，至於漂石者，勢也；鷙鳥之疾，至于毀折者，節也。是故善戰者，其勢險，其節短，勢如彍弩，節如發機」。

兵貴神速，有一個聞名歷史的例證。著名的軍事家、被譽為「騎在馬背上的世界精神」的拿破崙，就因為「格魯希元帥遲到一分鐘」，導致了拿破崙的滑鐵盧之敗。就是這要命的一分鐘，改寫了拿破崙的命運，也在一定程度上改寫了歐洲歷史。

兵貴神速，其實什麼事情不貴神速？速度可以說是體育比賽項目中的靈魂。對一般人來說毫無價值的零點零一秒，對世界飛人來說卻意味著一個嶄新的世界紀錄，對綠茵健兒來說會決定一場世界級足球決賽的勝負。對一個企業而言，爭時間、搶速度是成功的秘訣。搶先一步，也許就爭得了一個事關全局的項目，棋快一著，可能就贏得了一個前景廣闊的大市場。

看歷史，歷史法則是「先到為君，後到為臣」。史籍中的亂世英雄哪一個不是乘時而動、捷足先登、占據要津、事業有成的「神速」者？秦末時，民怨遍野，恰似星星之火，可以燎原的乾草。正是那個憤慨「帝王將相，寧有種乎」的陳勝，登高一呼，天下響應。陳勝最傑出的地方就在別人都想發一聲吶喊而尚未發出時，他第一個發出了吶喊。故《史記》中有《陳涉世家》。為逐秦鹿，共同主演楚漢相爭歷史劇的劉邦、項羽；各據天時、地利、人和，創造三國鼎立局面的曹操、孫權、劉備；亂中取權、「化家為國」、並創帝業三百年的李世民；因勢利導，結束長期分割局面，最終「黃袍加身」的趙匡胤；貧民出身、大亂時脫下袈裟投軍從戎、最終恢復漢人統治的朱元璋；明末時領導了歷史上規模最大的一次農民起義、把崇禎逼死在煤山（今景山）上的闖王李自成……這些歷史的主角無不是知微見著、能對歷史潮流作出最迅速、最準確反應的人。

一般來說，亂世英雄起四方。只要亂世就會出現權柄眞空、社會舞台空曠的現象，這就為聞風而動者提供了廣闊的活動空間。和平時期大局已定、綱紀已立，破壞規範就為世所不容，天性愛動者也只能巧手袖閒。但當代中國正處於歷史轉軌、社會變革時期。所以這樣一個和平年代與歷史上戰亂時期未嘗沒有相似之處。於是我們看到活生生的「神速」者的表演。經濟體制改革時，一批「敢為天下先」、開拓新路的企業領導者成爲當代首批促進歷史轉折的改革家。歷史這時就像是一部現代派戰劇的導演，就在人們的眼皮底下，他不動聲色地調換了主角。有趣的是，連這種調換也是如此「兵貴神速」，以致有些原主角還沒反應過來，新主角已經「入戲」了。同樣有趣的是，觀衆對這種調換的適應也是如此「兵貴神速」，以致有些觀衆還沒意識到發生了角色調換，他們自己就已經接受了新主角。

我們不會像阿Q，認爲只要是「天下第一」就肯定了不起，哪怕是「第一個能自輕自賤的人。」「兵貴神速」畢竟只是謀略，它並不涉及到事物本質的好壞。在時代大潮衝擊時，難免泥沙俱下、魚龍混雜。現實社會中也不難看到一些「先來的，吃肥肉；後來的，啃骨頭」的現象。先來的該不該吃「肥肉」是一回事，先來的吃到了「肥肉」是另一回事。又譬如說政府機構變成了擁有巨額資產的「公司」。對這些「先來的，吃肥肉」的人，我們感到忿忿不平：你「兵貴神速」地「先來」「吃肥肉」，並不是你有智力優勢，也不是你創造所得，只不過是有權力、有背景、有「關係」罷了。這些都是事實。但尤使我們不平的是另一個事實：雖然不合理、不合法，他事實上「先來」了，吃上了「肥肉」！歷史未必就公平。話說回來，歷史也不乏公平之處。肥肉就是肥肉嘛，它膽固醇過高，吃多了容易得高血壓、心臟病、腦血栓。

「兵貴神速」當然要動作最快，動作最快當然也會冒一些風險。但這也和商貿中的規律一樣：風險越大，利潤越高。就說吃螃蟹吧，首先吃螃蟹的人，自然會冒中毒的危險，但只要發現螃蟹不僅沒有毒，而且還營養豐富、口味鮮美，那麼他們就不僅吃到螃蟹，而且還能吃到最多的螃蟹。等別人都知道螃蟹原來是一種如此可口、滋補的食物時，螃蟹已經被吃得差不多了，成了價格昂貴的稀物。只是，過去人們只注意到首先吃螃蟹的人所冒的風險，而沒注意到他們吃到了最多的螃蟹。

兵貴勝，不貴久

曾見報載：某偉人每天都能聚精會神地投入工作二十小時，只休息三、四小時。自嘆自己做不到，也意識到自己成不了偉人的原因。佩服之餘，有時也以己度人，懷疑這類消息的眞實性。我伏身書桌上，時間一久，往往不由自主地眼光呆滯，手中的筆僵在那裡，心裡一片茫然。有時枯坐一小時竟然寫不了一個字。這時會情不自禁地緬懷起二十歲時的好時光，那時精力眞好，腦子轉個不停，一個念頭接一個念頭，新思想就像山泉一樣汩汩流出。可是現在怎麼也做不到。我總懷疑自己是在「吃老本」，今天的一些想法似乎在年輕時就已經想過了。最多只是現在的這些想法比過去成熟一點。青年天生有靈感，但思想不成熟；中年後思想成熟，卻喪失了靈感，這是可悲之處。站在今天的立場，我很討厭這要命的「成熟」。

說句內心話，我也忿忿不平地羨慕今天的年輕人。我們那一時代，正值中國是一個沒有思想、沒有靈感、精神沉寂的年代。那時曾有過的一些想法不無價值，但這些思想是絕無可能寫成文章公開發表。與人交流這些思想也犯法，搞得不好一言可以喪家、喪命。這些思想得不到發揮，得不到交流，也就不能在碰撞中再冒靈感，也就不能再生新思想。如此一來，大腦功能就逐漸給窒息、僵死了。看到今天的青年自由自在地表達自己的思想、亮出自己的靈感，其中有些喚醒了你心靈深處的某些東西。這時你頓生「無可奈何花落去，似曾相識燕歸來」的感嘆。更糟的是，這些本來應屬於你的東西，因歷史與你開了個玩笑，一下成了別人的東西。你再用這些東西時，似乎是在借用，借用了還得還給人家。這時就別提心裡有多難受了。

還是回到現實吧。爬格子爬久了，發呆，枯坐半天都寫不出東西，這時就想起了「孫子兵法」中說「兵貴勝，不貴久。」孫子認爲，用兵打仗，貴在速勝，而不應成久戰不決。打仗和其他社會生產活動一樣，要有目的，要講效益。打仗的目的就是滿足自己的利益、取得戰爭勝利；以最小的犧牲、最少的損失，儘可能快速取得勝利，這就是打仗的效益。寫文章何嘗不是如此。人的精力是有限的。據我的體會，如果進行的是一種程序化的腦力活動，也許一天可以寫六、七個小時；但如果進行的是一種個人思維特色的腦力活動，一天只能做四、五個小時；如果忽然自覺大腦亢奮，思如泉湧，那麼兩個小時後就會由興奮轉入抑制狀態。因此，與其枯坐半天不寫字，還不如去閒逛、看看電視、散散心。沒有效率地耗精神、耗時間是毫無意義的。「兵貴勝、不貴久。」

孫子「兵貴勝，不貴久」的思想在今天仍有借鏡意義。在現代建設中，「時間就是金錢，效率就是生命」。任何建設項目，都應投資快，早見效益，擴大再生產。這只是經濟學上的常識。奇怪的是我國卻有這樣的建設項目：建設一年、停工二年、再建二年、再等待投資三年。有人戲稱此爲「釣魚工程」。一項工程，一年建設完成比十年建設完成也許投資要少一半、效益要大十倍，可是偏偏就有非要十年才能建成的「胡子工程」。孫子說得對：久戰不勝，就會「鈍兵挫銳」、「夫兵久而利者，未之有也。」無疑，出現「胡子工程」現象，與我們的政治體制、經濟體制有關。「釣魚工程」釣的就是「體制」這個大池塘中的「魚」。因體制而造成了「兵貴久，不貴勝」的弊端。譬如說，機構重疊、臃腫不堪、虛設官銜，五個科長一個兵、十羊九牧、人浮於事。就像桌上有一只茶杯，某科員要拿它只是舉手之勞。但他不拿，非要請示。科員請示副科長，副科長請示正科長，正科長請示副處長，副處長請示正處長，然後又是一個批示的逆過程，這樣怎麼可能速勝、怎麼可能不久？誰想快，誰就「越位」、「犯規」，官場怎麼可能不流行以慢取勝的「太極拳」？

後發先至

孫子認爲：用兵之法，最難的是爭取戰爭先機。而爭取戰爭先機，難的是「以迂爲直，以患爲利」，即雖然是走迂迴的道路，卻能把不利因素轉化爲有利因素，比敵方更快地進入軍事要地，也就是做到「後人發，先人至」。戰國時，日益強盛的秦國軍隊包圍了趙國邊境要塞閼與。趙王派名將趙奢率兵救閼與。但閼與距趙國都城邯鄲很遠，且路險難行。趙奢領軍西行，出邯鄲三十里，就安營紮寨。後在武安與秦軍對峙時，秦軍人喊馬嘶、戰鼓咚咚，使武安城內的屋瓦也爲之顫動。但任憑秦軍如何氣焰囂張，趙奢就是不應戰，並深溝高壘、修固營寨，作出長期固守的姿態。這樣固守二十八天，使秦軍主帥感到十分奇怪，便派間諜潛入趙營探聽虛實。趙奢明知來人是秦軍間諜，卻佯裝不知，反而命人好好招待，讓間諜觀看新增修的堡壘。間諜回到秦軍營地，向主師報告趙軍長期固守的種種情況，秦軍主帥以爲趙軍怯戰，不敢迎戰，更不會去救閼與，便放鬆了警惕。誰知間諜剛走，趙奢即命趙軍偃旗息鼓，日夜行軍，僅用二日一夜時間，突然出現在閼與前線。趙軍迅速占據有利地勢，嚴陣以待。等秦軍得知趙軍已到達閼與，日夜兼行也趕到閼與時，趙軍以逸待勞，發動猛烈攻擊，秦軍全線崩潰，大敗而逃。這就是古代軍事史上一次有名的「後發先至」的戰例。

「後發先至」不僅是戰爭中的一種武韜，而且更是社會中常見的一種文略。因為「後發先至」以競爭為根基。社會中總是存在競爭，各式各樣、形形色色的競爭。爭強好勝在根本上是人的一種本性。我甚至覺得競爭是一種神秘的、具有主宰意味的歷史力量。這是一種驅使每一個以畢生精力去竭盡全力達到一種更高的人生境界的力量，這是一種支持人在漫長、曲折的人生旅程中不倒下，以非凡毅力走到終點的力量，這是一種煥發人的創造性、顯示人的獨特性、使人生轟轟烈烈、熱熱鬧鬧的神奇力量。試想，如果科學家們不你追我趕地去解決一個又一個科技難題，人類的科學事業怎麼可能突飛猛進？如果企業家們不爭先恐後地競相推出一種又一種質優價廉的新產品、人類的生活狀況怎麼可能日新月異？如果文藝家們不爭妍鬥艷地去創造出一部又一部更新更好的作品，人類的感情生活豈不是會日益萎縮？如果情敵們不是在競爭中競相亮出自己最美麗的羽毛，人怎麼可能美化自己，愛情生活豈不平淡如水？如果人類沒有一種先天的競爭心理機制，如果社會中沒有一種凝聚性的群體競爭行爲，眞不知人類怎麼可以生存、社會如何能夠存在？所以我說，競爭是人的本性，競爭是歷史的奧秘。

但既然是競爭，當然就會有成功者和失敗者。誰都要爭當成功者。成功者需要謀略。而「後發先至」成爲十分常用的一種人生謀略。人生有點像田徑比賽中的長跑。所不同的是，沒有任何人可能與任何一個他人處在同一起跑線上。因爲絕對沒有兩個人能具有完全一樣的遺傳、完全相同的經歷，更不可能處在完全相同的社會位置上。所以每個人都可能會是「後人發」。好在人生不是百米短跑，要不然就太不公平了。好在人生是一場馬拉松長跑，這就給了人一個「先人至」的機會。每個人都會根據自己的優點和短處採取不同的策略。有人衝力好，耐力差，這種人便會採用變速跑的方法，畢竟起步快，故能英年成才，春風得意馬蹄疾；有人耐力好，衝力差，這種人在人生跑道上會不疾不徐，速度均勻地跑下去，這種跑法不起眼，但持之以恆，終見成效，而當其成功時別人會投以詫異的眼光；還有一種人會採用加速度的跑法，少小無甚突出處，老大竟能大器晚成，其人生境況，恰如芝麻開花節節高。

當然，我這麼比喻人生是排開了許多因人而異的具體社會環境和條件的。我堅持認為：如果考慮到各種因素，假若一個人是在非常不利的人生境遇中，處在十分崎嶇的跑道上，那麼，他可能比別人跑得速度慢一些、距離短一些，其實這並不意味著他跑得差。反之，一個各種條件十分優越的人，即使他比別人跑得快一點，跑得遠一點，但因他沒跑出應有的水準，所以他仍是一個失敗者。

在人生跑道上，你看到別人跑在前面，你會嫉妒。儘管基督教把嫉妒視為人的原罪之一，但我想這是一種正常的人性。「性相近也，習相遠也」。問題是你怎麼去嫉妒，嫉妒會激發你採取何種態度和何種行為。有人嫉妒跑在自己前面的人，於是他想：你跑得快，我要比你更快，我一定要追上你，跑到你前面去。於是嫉妒激起他一種競爭的豪情，他煥發出一股不知哪兒來的力量，加快了腳步，最終做到了「後發先至」。也有人嫉妒那些跑在前面的人，但他想的是：如果讓他跑得慢一些，我就可以比他快。於是他使出手段——在別人的鞋子裡放上一些沙子。他甚至還會想：如果讓他跑不成，我慢慢走也會比他快，於是從背後拉他一把，讓別人摔倒在地。這種「武大郎開店」式的競爭可能會暫時奏效，但終究不會成功。也不可能在每一個人的鞋子裡都放沙子，不可能使每個人都摔倒了爬不起來。況且，他把精力都用在放沙子、耍手段上，他不僅沒能跑得快一些，而且一定跑得更慢。像這樣「以迂爲直，以患爲利」，是絕不可能「後發先至」的。

吾有以待

孫子有一個打仗的指導思想，甚爲警醒人。他說：「故用兵之法，無恃其不來，恃吾有以待；無恃其不攻，恃吾有所不可攻也。」這是說：要打勝仗，不要指望敵人不來，而要依靠自己早已作好了等待它來的準備；不要巴望敵人不進攻，而要依靠自己早就嚴陣以待，這樣對方進攻就必然失敗。我佩服這一指導思想，並不是因爲有實際戰爭的體驗而產生的共鳴，而是由此聯想到人生。我覺得這可以作爲一個恆常的人生態度，作爲一種安身立命的人生態度。人生應該以此爲座右銘：吾有以待。

一個人年輕時往往天生就有雄心壯志。也許因初生之犢不畏虎，也許因血氣方剛，也許是因為有一種蓬勃的生命力，青年時豪情滿懷，認為世上沒有什麼做不到的事，認為自己一定會做出一番轟轟烈烈的事業、成就一個輝煌的人生。年輕時做了許多熱血奔騰、色彩絢爛的夢。當你不再做夢時，你才會意識到：這些夢是多麼值得回味，多麼值得珍惜。雖然這是夢，但夢卻是一種價值。也許，人生的意義，在年輕時就表現為激情的奇思、連翩的妙想，而並不表現為夢境的是否實現。年輕時沸騰的熱血、風發的意氣，這是生命力的衝動、是一顆富有活力的心在怦然跳動。試想，一個沒有夢想、沒有色彩、沒有激情、沒有自信的青春豈不是太沒意思、太可悲嗎?甚而試想，如果在年輕時就完全實現了夢境，因而也就喪失了幻象和希冀、再也無所期待，人生豈不是更短促，也更令人索然無味嗎?所以，有熱血，青春無價;對夢境，青春無悔。對一個追趕朝露的人生，我們歡樂地說：吾有以待。

隨著時光流水的無情打磨，我們漸漸明白：是夢，就總有夢醒的時候。當你第一次意味到青春美夢的破碎時，你便成熟了。你日益無奈地意識到：有許多事情，你「心比天高，命比紙薄」，無論怎麼努力，也是無法辦到的；有許多事情，你本來也可以辦到，但人生苦短、歲月無多、精力有限，你做了這事就做不了那事，結果還是做不了；還有許多事情，你透過極大的努力，終於做到了，但等你做到時，你的感受卻與當初想的不一樣，變味了。這時，不幸的是，所謂成熟，也就意味著凌雲壯志被侵蝕、生命激情逐漸開始萎縮。陸游有首《訴衷情》頗能表達人生的這種心境：「當年萬里覓封侯，匹馬戍梁州。關河夢斷何處？塵暗四貂裘。胡未滅，鬢先秋，淚空流。此生誰料，心在天山，身老滄洲！」人年輕時都有夜不能寐的「萬里覓封侯」的時候。然而像大地一樣沉重堅實的現實無可逾越，「關河夢斷」是遲早的事，人生易老天難老，人生不如意往往十有八九，「心在天山，身老滄州」是何等的悲涼！人生的難以預料、人生的缺憾、人生的失落，這是一種無以抗拒的悲劇命運。儘管如此，我們無須悲觀。「關河夢斷」既是充滿詩意的過去的破滅，同時也是對嚴峻未來的覺醒。當凌雲的夢境摔落在凡俗塵世上，蒼涼的人生便有了更爲質地堅硬的基地。既然有生就有死，既然人生如紅塵過客，那麼只有實踐悲劇，才能達到崇高的理想。對悲劇命運，我們大可悲壯地說：吾有以待。

車爾尼雪夫斯基在其小說《怎麼辦？》中寫下一句話：「生活是散文式的。」散文中有詩但不是詩，有夢但不是夢，有眞善美但也不都是眞善美。對此，我們要想清楚。只有想清楚了，我們才會對散文式的人生幽默地說：吾有以待。

其實，所謂命運，並不是一個先天的指令、一種指令的程序、一種程序的理念，而是一種人生的選擇、一種選擇的實踐、一個實踐的過程。所以人生中有許多機遇。機遇是對命運的制衡，命運是對機遇的認同。機遇與命運相生相剋，相反相成。人年輕時總是自信會有許多機遇在等待著他，以至他並不懂得珍惜機遇；至成熟後方知「機不可失，失不再來」，遺憾的是這時機遇已經不多了。這又是一個令人悲喜交加的人生現實。無疑，每一個成功的人生都帶著一個機遇的影子；而每一個有缺憾的人生都抱怨未能一睹機遇的芳顏。於是有時勢造英雄的喜悅，也有生不逢時的浩嘆，無庸諱言，沒有機遇就難有輝煌，而機遇之所以是機遇，就在於它可遇而不可求。但同時有一點也需牢記：機遇就像情人，她只鍾情於追求她的人。每個人都有自己的意中人，每個人生都有自己的機遇。眞正心中裝著一個意中人，那他就是個有心人。眞正的有心人，就是一個主動積極的追求者。眞正的追求者是不打瞌睡的。他睜大雙眼，注視著身邊的人。一旦發現使自己怦然心動的女神不期而遇飄然而至，他會走近打招呼，他會自我介紹，然後明白地表達自己的愛慕之心，然後吻她的手、摟著她的腰，滿懷著神聖的命運感，與她相依相偎地走向一個鋪灑著希望之光、富有創造性的嶄新的人生歷程。對這令人心蕩神馳的情人般的機遇，我們激動而虔誠地說：吾有以待。

踐墨隨敵

戰爭中戰局總是變化無常的，所以孫子認爲，要贏得戰爭勝利，必須「踐墨隨敵」。踐：踩、踐踏，這裡指實行、實踐；墨：原指木工旳墨線，這裡引申爲計劃、謀略、規則。意思是：實施作戰計劃，要隨時靈活地根據敵情的變化而變化自己的對敵計劃和謀略。打仗是敵我雙方共同的行爲。雙方彼此都針對對方，即雙方都以對方爲依據。制訂計劃、謀略的依據發生了變化，計劃、謀略的實施當然也要相對地改變。越是尖銳敵對的雙方之間就越存在如此牢不可破的緊密關係。想到此，不禁使人超然一笑。

人就像是一台極其精密、複雜的感應器。氣溫、濕度、空氣、光線的任何變化都會對人體產生刺激作用，人體一旦接收到這種刺激就會產生反應。比如氣溫降低，人體的毛孔就會收縮，光線轉暗人的瞳孔就放大。社會對人的作用和人對社會上事物的變化做出的反應其實是一樣的。所不同的是，社會對人的作用比自然對人的作用遠爲隱秘、複雜，人對社會刺激所作出的反應比人對自然的刺激所作出的反應也要微妙、複雜得多。前者的刺激反應更大，程度上是生理的，後者則主要是心理上的。故此，「踐墨隨敵」，幾乎可以說是人的一種本能。當然，各個人對自然、社會的刺激感受的敏感程度有所不同，對之作出反應的速度、準確性也因人而異。一般而言，能準確感受到自然的刺激並能作出敏捷的反應，需要一個強健的機體；能準確感受到社會的刺激，並能作出敏捷的反應，則需要一個健全的大腦。社會就像一塊發燙的土地，只要你站在上面，它就會刺激你，迫使你像穿上了紅舞鞋一樣地在上面跳個不停。像一台永遠跳動的機器一樣地跳個不停，這就是你在作出反應。人生的創造性就是這麼跳出來的。

打仗踐墨隨敵，生活則是「踐墨隨時」、「踐墨隨世」。所謂識時務者爲俊傑，這是人們常說的話，告誡我們要順應歷史潮流。這算得上是人生最大的韜略了。

時事發生了變化、情況發生了變化，有時我們卻不能隨著這種變化而調整自己的思路，像中國古代寓言中那個「刻舟求劍」的人一樣。爲什麼會出現這種情況呢？因爲踐墨隨敵、踐墨隨世要克服一種先入爲主的成規定見，克服既成的習慣和習慣帶來的思維惰性。這時，眞正的敵人就是成見、習慣、惰性。也許我們都有這樣的經驗：原來書櫥放在房間的左邊，只要拿書你就會不加思索地向左邊走去；後來書櫥搬到了右邊，當你想要拿書時，還是經常會不知不覺地走向左邊。這就是習慣作用。這是一件很具體的事，這事能直接用事實來證明你的習慣是錯誤的，所以你能清楚地意識到這點並能迅速糾正此一習慣。但問題如果一涉及到由無數細微末節的小事構成的生活方式、思維觀念是很難用一種硬性的事實來驗證其對錯的。由於沒有東西能證明一種生活方式、思維觀念的錯誤，因此我們就很難意識到它們的錯誤，而要改變它們就更爲困難了。

有一次與友人聊天，友人談起他一家三代「坐計程車」的事。他說：他父母一代並不是沒有錢，也不是不需要，但寧可以老邁體弱之軀去擠公共汽車，就是落雪下雨，道路泥濘，也絕不肯「坐計程車」，如果他們的後代子孫要他們「坐計程車」，甚至伸手攔來了「計程車」，他們會不知從哪兒來一股怒火，堅決拒絕「坐計程車」；他這一代很少「坐計程車」，但畢竟也「坐」過幾次，那往往是因爲要去辦一件事而時間實在來不及了，或買了大宗家電之類而無法上公共汽車時，迫不得已才「坐計程車」的；而他的孩子就不同了，那小子並不是薪資很高，錢多得沒法花，但無論需要還是不需要，不管天氣好與壞，也不是因爲要趕時間，動輒手一揮，就鑽到「計程車」裡去了。友人對他家很有社會代表性的三代「坐計程車」現象感到困惑。我認爲，這是不同的經歷感受形成的不同生活方式、思想觀念，不同的生活觀念形成的不同習慣造成的。老一代歷來薪資不很高，生活很節儉，今天坐一次「計程車」，也許就相當於他們當年一個月的薪資，十來分鐘就要花費一個月的辛勤勞動所得，這是他們無論如何也想不通的，所以「坐計程車」就成了他們習慣的敵人；中年一代以其當年做一天活，薪資才值三毛錢的感受，當然同樣也無法正視坐一次「計程車」就要在當年做幾個月活的事實，但畢竟這一思維慣性尚未凝固，而且隨著時世的變化也正在努力改變價值觀念，所以其態度往往是，儘量不「坐計程車」，非「坐計程車」不可時也可偶爾爲之；年輕一代沒經歷過「困難時期」，不知艱難辛苦，養成了能高消費就高消費的觀念，所以遇到「坐計程車」的機會不錯過。雖然解釋了「坐計程車」現象，我還是覺得這世界很怪：似乎沒錢「坐計程車」的人總有錢在「坐計程車」，有錢「坐計程車」的人總是無錢「坐計程車」。

「踐墨隨敵」、「踐墨隨時」就要隨機應變、見機而作。隨機應變需要創造性，見機而作需要靈感。有一則故事：有一場鸚鵡大會，要每隻鸚鵡說一句話，誰的話最精彩，就頒給誰金牌。有一隻鸚鵡成爲金牌得主。它說的一句話是：「今天怎麼有這麼多鸚鵡呀！」這隻鸚鵡獲此殊榮當之無愧。因爲它能隨機應變。這種隨機應變使它顯得富有一種創造性和靈性。看一場高水準的足球比賽，當看到球員將一個戰術球十分準確地傳到某一設計好的位置，這時擔任主攻的球員同樣準確地恰好趕到，熟練的一記勁射，足球應聲落網，這時球場上會響起熱烈的掌聲；當一個戰術球也是按預先計劃好傳來，但這個球不到位，傳到主攻球員似乎不可能接到的位置上，而對方球員和先前預想的不一樣，並未留下一個空檔，封死了球的去路，主攻球員在這樣似沒有任何可能得分的情況下，似乎連想也沒想，不知怎麼他一個倒掛金鈎，足球出乎所有人的預料而落入了網內，這時球場上會爆發出狂熱的歡呼聲。這位主攻隊員在接球之前也有計劃，也有按計劃接球的準備動作，但情況突然變化了，準備動作必須修正，修正時全憑剎那間湧現出來的靈感，這可謂最精彩、最理想的「踐墨隨敵」了。如果人生中能有幾次這樣的「踐墨隨敵」，那人生就很有意思了。

窮寇勿追

孫子在其兵法《軍爭篇》中提出一個「用兵之法」：「圍師必闕，窮寇勿迫。」古人在注《孫子兵法》時，一般均持肯定態度，並多有舉例，闡明其道理：圍師必闕，是圍其三面，空下一面，使敵人無固守之志，生逃走之心；窮寇勿迫，是以免「困獸猶鬥」，在追擊中消滅倉皇逃跑的敵人就比在陣地戰中消滅固守的敵人容易得多。而今人的《孫子兵法》譯注本中，有時則對此持保留或否定態度，認爲孫子的這一說法不盡科學，帶有消極性和局限性。

任何注釋都是讀者與作者的對話，是今人與古人的神會。但原文與注文都會帶有一定時代的局限性。有時這種局限性是十分獨特的。譬如說，在讀今人對「窮寇勿迫」的注釋時，我腦子裡馬上就浮起一句詩句：「宜將剩勇追窮寇，不可沽名學霸王」，就像在讀今人釋注《孫子兵法》中的「故兵貴勝，不貴久」，認爲此說只強調進攻而不講防禦，所以過於片面時，我會聯想到《論持久戰》一樣。對這種獨特的注釋，若不了解其微妙處，恐怕是無法體會這種獨特的。故由此想到：對古人那些落在文字上的東西，也許我們只看出一般的層次，而無法也不可能看出其獨特的層次。也許，後人對前人的繼承，從腦子裡得到的比從書本上得到的多得多。

那麼，到底應該「窮寇勿迫」還是應該「宜將剩勇追窮寇」？我以爲兩者之間並不像表面上看到的那樣矛盾。因爲孫子是從戰術上說的。公元前五〇六年，孫武為吳兵主將領兵伐楚。兩軍在柏舉（今湖北漢川北）決戰，楚軍慘敗。而孫武乘勝追擊，五戰五捷，一舉攻占了楚國的都城郢。從整個戰局來看，孫武並未「窮寇勿迫」，而是「宜將剩勇追窮寇」。從戰術思想看，「窮寇勿迫」確實是孫武一貫主張，且與他其他的「用兵之法」有機關連。之所以「圍師必闕，窮寇勿迫」，是因為「兵之情，圍則御，不得已則鬥」，否則反而會使敵人「陷之死地然後生」。所以這其實是「致人」的一種手段。

軍事上「窮寇勿迫」其實也是一種社會化了的哲理。古人作注時便引用說「鳥窮則博，獸窮則噬」、「困獸猶鬥，物理然也。」今俗語中也常有「狗急跳牆，人急上房」等語。以「窮寇勿迫」作謀略的事蹟在社會中不勝枚舉，只是有的運用得出奇，讓你料想不到。

我公司有兩位同事家幾乎同時被盜。一家雖沒有一分錢被盜，但家中損失慘重，彩色電視機被破壞、冰箱被倒置、家俱被撬損、衣服被撕裂；另一家有一萬元被盜，但家電、家俱、衣物竟無任何損害，連存錢的抽屜也完好如初。兩相比較，前者的損失自然比後者大得多。公司同事聞此，深以為怪，便詢問此二君。

前者答曰：盜患如此嚴重，我當然要嚴加提防。錢財我全都「堅壁清野」，所有的抽屜都上鎖，即使強盜想偷，他也搞不清哪個抽屜裡有錢財——其實哪個上鎖的抽屜裡都沒有。後者答曰：盜患如此嚴重，我當然要嚴加提防。錢財我都「堅壁清野」，所有的抽屜一律不上鎖，強盜萬一進了門，他可以輕易地翻遍每一個抽屜。但我在竊賊最容易動手的抽屜裡放了一萬元。

樑上君子，我們姑且戲稱爲「窮」寇。（之所以說是「戲稱」，是表明我這裡絕不是在販賣「飢寒起盜心」的謬論。）你處處設防，無處不防，也就是在對之「圍師不闕」，處處緊「迫」。那樑上君子本意竊取錢財，但一受「迫」，「不得已則鬥」，竟遷怒於物。結果使我的前一位同事付出了莫名其妙的大代價。後一位同事看來通一點《孫子兵法》。他也是處處設防的。但這種設防卻示之以「無形」——似乎不設防。這是在瓦解竊賊的「逆反」心理。光「無形」並不能解決根本問題，所以他「圍師必闕」——故意留下一萬元。有此一「闕」，驚恐而隨時準備逃走的小偷，自然就沒有長時間繼續作案的「鬥志」；俗話說：「賊無空過」，賊有此一得，自然產生「見好就收」的念頭，於是溜之大吉。

在道義上，我贊成前一位同事。他付出了代價，但卻使竊不能得逞。如今社會每一個成員都這樣，竊賊最終就會絕跡。在謀略上，我欣賞後一位同事。既然社會上還不能杜絕盜竊行爲，用自己的智慧來保全家庭財產，不失爲一個聰明人。

走爲上計

看中西的警匪片、偵探片，多看幾部，便看出了中西文化的一點差異。當赤手空拳或勢單力薄的警探面對手持凶器或人多勢衆的歹徒時，中國片中的警探勢必會臨危不懼、以寡鬥衆、捨命相搏、絕不妥協；而西片中的警探則往往扔槍舉手、暫時屈服、先求生存、再窺時機。這時我就想：中國警探可不可以「走爲上計」呢？

中華民族歷來崇道義、重名節。「修、齊、治、平」，以修身爲根基。而修身以與「道」的契合爲依皈。生命的意義在於對「道」的不懈追求。所以「朝聞道，夕死可也」（孔子語）。這就形成了中華民族爲捍衛道德正義、聲名氣節殺身成仁、捨身取義的傳統。在這裡，「道」的本體是人，「人」與「道」絕不可分離，是爲「人道」。你若要使我人不像人，喪失作爲人的根本，你就違背了「人道」；我要像個人，就必須爲名節而戰，捍衛人道。即使死了，是爲人、爲生而戰，這是人生的意義所在，死也死得重於泰山、死得其所、雖死猶生。

一旦「道」與「人」相乖離，「道」就會異化爲沒有生命實體作支撐的空殼——「理」。「理」凌駕於人之上時，就形成了所謂「存天理、滅人欲」的封建謬論。將「天理」倫常化，這就形成了封建禮教。於是就有「餓死事小、失節事大」。在這裡，生命相對名節（而名節又是與生命如此衝突）來說，是微不足道的。「這也使我們聯想到一些「被殺死事小，受辱失身事大」的中國影片與西方同類影片的差異。）由此我們便看到封建「理」、「禮」的愚昧、迂腐和殘忍。

不幸的是，封建文化中的餘孽並不隨一個歷史時代的完結而全部消失，它常常會沉滓泛起。

現在回到文章開頭。我是十分讚賞中國警探臨危不懼的英雄氣概、捨身取義的不屈精神。但這種精神並不妨礙我們學習孫子兵法。兵法云：「故用兵之法，十則圍之，五則攻之，倍則分之，敵則能戰之，少則能逃之，不若則能避之」。敵強我弱、形勢十分不利的情況下，應以「走為上計」。（按：《三十六計》中，指當出路只有三條——投降、媾和、退卻時，只有「走」才不算失敗，故稱「走為上」。）「走」，似乎不光彩，不為國人首肯。但必須「走」，就得「走」。孫子一語道破不「走」的危險性：「小敵之堅，大敵之擒」。這時的「走」也是要有勇氣的（不懼怕失「名節」的輿論），也是見「精神」的（「走」是為了「來」）。孔子曰：「暴虎馮河（空手博虎、徒步過河），死而無悔者，吾不與也。必也臨事而懼，好謀而成者也。」

走為上計，並不是失魂落魄地逃跑，而是不論形勢如何險惡，仍能頭腦冷靜地運用高超智慧，安全退卻，保存了實力。正因為如此，「走」而能成「計」，這就更難能可貴了。諸葛亮堪稱運用「走為上計」的超級大師。在任何敵強我弱的危急形勢下，都能做到全師而返。他六出祁山，六次撤退，六種「走」法。前五種為疑兵之計，殺回馬槍，退避三舍，減兵添灶，以進為退。第六次尤為精彩。那次可嘆他「出師未捷身先死」，巨星隕落五丈原。臨死前他料定司馬懿得知他的死訊定會追殺，便囑楊儀依計從事。果然，當司馬懿得知蜀兵已退，斷定孔明眞的死了，便引軍追趕。趕到山脚下時，忽聽一聲炮響，蜀兵「俱回旗返鼓」，只見蜀軍數十員上將擁出一輛四輪車來，車上端坐著綸巾羽扇、鶴氅皀絲的諸葛亮。司馬懿大驚：吾「墮其計關！」急勒馬便走，魏兵魂飛魄散，各自逃命，相互踐踏。而司馬懿逃了五十餘里，還用手摸頭曰：「我有頭否？」其實，輪車上坐著並不是活孔明，而是他生前準備好的自己的雕像。這就是所謂「死諸葛能走生仲達」。同樣是「走」，司馬懿（字仲達）不該「走」卻「走」了，而且「走」得太糗、沒水準；而孔明該「走」卻不「走」，這樣的「走」才是眞正的「走爲上計」。

三十七計

人們常說三十六計，實爲一部上乘兵書之名，該書作者、年代無可考。書分六套，每套六計。每計解語常用《易》的詞句；解語後設按語，多引證宋代以前戰例和孫子、吳子等兵家譬辟語句。其實，兵者，詭道也。「善出奇者，無窮如天地，不竭如江河」，「奇正之變，不可勝窮也」。三十六可謂大概也。

人們又常說，三十六計，走爲上策。《三十六計》一書中確有這一計。這一計排在最後一套「戰敗計」的最後一位。意思是處於劣勢時，可使用美人計、空城計、反間計、苦肉計、連環計，實在無法，則可用計遁去，一走了之。（孫子也談到「少則能逐之，不若則能避之」。）似乎計謀至此便無計可施。其實，「走爲上」並非詭道終極。

勝者往往敗了，贏者往往輸了，我們見得很多。小倆口爲些許小事使氣鬥勝，任何一方贏了都是輸，根本就沒贏家。倔強的下屬與沒海量的上司爭強，凡下屬贏了必是輸，下屬根本就沒贏的機會。蠻橫的大灰狼與純潔的小白兔講道理，小白兔講贏了還是輸。我在市場上買菜，也嘗試過討價還價，被菜販子多要了幾塊錢，心裡總有一種被欺負的感覺。但討價還價後，又總覺得得不償失：半個小時只值了幾塊錢。我買菜買贏了必是輸。（雖然明知淪喪了消費者權益，但我還是奉行「小杖受之，大杖則走」。）

敗者往往勝了，輸的往往贏了，這種事其實也不少。吳越之戰，初夫差大破勾踐，並拘其到吳。勾踐極盡敗者之能事。夫差病了，勾踐聞其「龍體失調，如摧肝肺」。自言嘗病人的糞便便能知曉病情，並主動要求嘗嘗吳王大便。勾踐揭開桶蓋，「左右皆掩鼻」，而他則「手取其糞，跪而嘗之」。就是這種無以復加的「敗」，使勾踐後來殲滅夫差而稱霸。（提這件載於歷史小說的故事，我並無褒貶。因爲每讀到這則故事便想起李清照盛讚西楚霸王的詩句：「生當作人傑，死亦爲鬼雄。至今思項羽，不肯過江東。」兩相比照，內心裡總是十分矛盾，不知孰是孰非。對勾踐，我更樂於接受臥薪嘗膽，而不是跪嘗糞便。也許這恰是我爲庸人之所在。）

孫子兵法講究「有形」與「無形」。君見過「以敗爲勝」之「無形」者乎？

某公雖學無專長，業無所著，但卻仕途直坦、平步青雲。同事們深以爲怪。此人也非一無是處，如麻將術就極爲精湛。自己的牌，別人的牌，他都能做到知己知彼。故凡方城之役，百戰不殆。不過，強中自有強中手。每當一愛打哈哈者入圍時，必坐其下首，局畢總囊中甚豐，而此公則總一敗塗地，從無勝跡。他的妻子喜觀戰，見愛打哈哈者牌藝平平，並無絕技，不免覺得奇怪。一局下來私下詰其夫。此公春風滿面，不見輸態，含笑答曰：「他是我的頂頭上司。」孫子曾感嘆說：「故善戰者之勝也，無智名、無勇功。」

我在此獻上一計。這一計在歷史、社會上有其實，卻無其名。此計可稱爲三十七計：以敗爲勝。

孤立地談兵法，它只是一門科學、一種藝術、一種智慧，其本身並無善惡可言。恰如先進科技，惡者可以用之搞智能犯罪，善者可以用之造福民衆。又如核能，善用可以建成核電廠，惡用可以毀滅人類。所以孫子說：「非聖智不能用間，非仁義不能用間。」孫子所說的「間」指的是間諜。我在這裡把它改換成智謀，也就表達了我的意思。

戰道必勝

把《孫子兵法》與西方軍事名著、德國克勞塞維茨的《戰爭論》作一對照，便可以發現：孫子大量論述的是取得戰爭勝利的必然性，而克勞塞維茨則特別強調戰爭中的偶然性因素。根據戰爭五大要素（道、天、地、將、法），「吾以此知勝負矣」；「知彼知己，百戰不殆」，「不知彼，不知己，每戰必殆」；「知此（指「兵之助」的地形）而用戰者必勝，不知此而用戰者必敗」；「故戰道必勝，主曰無戰，必戰可也」；「知天知地，勝乃可全」。這些話在《孫子兵法》中觸目可見。而《戰爭論》開篇就在為戰爭定性時說：「戰爭的客觀性質很明顯地使戰爭成為概然性的計算。現在只要再加上偶然性這個要素，戰爭就成為賭博了，而戰爭中確實是少不了偶然性的。而且，隨偶然性而來的機遇以及隨機遇而來的幸運，在戰爭中也佔有重要地位。」

這種差異的出現並非偶然，它表現出中西文化的不同質核。從哲學思想看，中國古代哲學很少涉及偶然性這一範疇。「天行有常」，道是唯一的。道雖有變化，但循環往復，因而具有必然性。人就是認識道、適應道、與道融合為一。與道融合為一，人事與天時一樣，也就具有其必然性了。這種思想表現在歷史觀中，便形成了一種強烈的歷史命運觀。一個諸侯國、一個封建王朝的傾覆，總是因為它「違天」「叛道」，所以它「氣數已盡」，「天」要滅它。正如西楚霸王項羽自刎前所說，他之所以失敗，絕非能力不足，他「力拔山兮氣蓋世」，而是時運不濟，「時不利兮騅不逝」。而大凡一個新封建王朝、一個新「眞命天子」的出現總是天意使然，天命注定，上天早有朕兆。據民間傳說，農民出身的朱元璋之所以能當上明太祖就是早有天意昭示。他小時放牛，放累了，便總是於曠野之中躺下，躺下時，總是頭枕牛鞭，四肢攤開，這不正是一個「天」字麼？同一原由，歷代農民起義，也無不假借「天意」，以便行事。陳勝把寫有「陳勝王」的白綢布塞在魚肚子裡；黃巾起義的口號是「蒼天當死，黃天當立」；紅巾起義時，韓山童把獨眼石人埋在修河工地上，並傳播民謠：「石人一只眼，挑動黃河天下反。」

當中國人把自己託付給必然性時，外國人卻在偶然性中求生存。西方古代哲學總在反覆地說，「一切皆流，一切皆變」；「人不能兩次涉入同一條河流」。世界上只有變化才是必然的，而偶然性正寓於變化之中。這一哲學思想滲透在西方文學中，偶然性也就往往成爲一個事物發生、發展的決定性因素。荷馬史詩《伊利亞特》叙述了希臘人遠征特洛伊城的故事。珀琉斯和女神忒提斯結婚，在舉行盛大宴會時，所有的女神都被邀請了，卻偏偏漏掉了專管爭執的女神阿瑞斯。於是她透過一個上面刻有「屬於最美者」字樣的金蘋果，引起赫拉、雅典娜和阿芙洛狄忒這三位都認為最美的女神的紛爭。三人爭論不休，便請特洛伊的王子帕里斯評判。三女神都希望帕里斯能將金蘋果判給自己，於是赫拉許他為亞細亞國王，雅典娜許他為最偉大的英雄，而阿芙洛狄忒許他為世間最美麗的女子的丈夫。帕里斯選擇了美女，金蘋果歸愛神所有，阿芙洛狄忒為履行諾言，便幫帕里斯拐走了美麗的海倫——斯巴達王的妻子。這事引起了全體希臘人的憤怒，於是便引發了特洛伊戰爭。這場戰爭的起因是什麼呢？是因為宴會漏掉了一位女神。這只是一個偶然性的失誤。而這個女神又偏偏正好是專管爭執的女神。這又是一個偶然。此外，評判人剛好是帕里斯，帕里斯恰巧愛美女勝過愛江山，而美女又偏偏在希臘。

我看過一篇談中外賭博比較的文章，覺得有些意思。文章說中國人賭博愛與熟人一起，外國人愛與陌生人賭；中國人愛賭一些可以預見的東西，外國人愛賭一些不可預見的東西，如天氣；中國人賭博借助一些運用智慧的東西，如棋類，外國人賭博借助一些無需用腦的東西，如賽馬、老虎機。（也許因此外國人賭博更瀟灑。）與熟人賭，可以做到「知彼知己」；可以預見，也就可以如孫子說的「未戰而廟算勝，得算多也」；借助棋類賭，可以充分發揮智慧，「上兵伐謀」。簡言之，中國人賭的是「道」，是必然性，外國人賭的是機會、是偶然性。其實也不止賭博，賭命也如此。中國人「智鬥」而不「勇鬥」，更不會像外國人那樣扔白手套，搞「決鬥」。（「決鬥」曾在歐洲國家成為流行習俗。雙方矛盾不能開解，便約定時間、地點、邀請證人決生死。古時決鬥用劍，近代用手槍。）「智」的決鬥講究的是「軟刀子殺人」、「殺人不見血」，而這一些都是必須事先謀劃好，因而仰仗必然性，武的「決鬥」，尤其是用手槍的決鬥其實是有極大的偶然性的。俄國著名詩人普希金就死於決鬥，死於偶然性。

講究必然性的民族，其民族性格恬靜、通達、重理智、有韌性、樂天知命。但一個民族的優點往往也包含著他的缺點。恬靜也就不愛動，自己不愛動，也不愛外界變；通達就容易不偏不倚、恪守中庸；重理智就不愛激動，儘管有時人是很有激動必要的；有韌性也就有忍性，做事欠缺力度；樂天知命也就可能安常守成，缺乏與命運的抗爭心。當然，民族性格也是會變的。今天，處於變革時代的中華民族，在繼承民族性格傳統的同時，正在重鑄自己的性格。

善戰者無智名

翻閱典籍史料，有時腦子會突然跳出一個怪想法：這些史籍會不會與我們開一個天大的玩笑？它記載的說不定並不是對人類影響最大的一些事情，它是不是遺漏了一些把人性顯示得最充分、對人類貢獻最偉大的傑出人物？它會不會提供的是一份方位全然錯了、路線全然錯了、景點全然錯了的遊覽圖，以至我們在遨遊歷史時錯得一場糊塗？

這不是在懷疑一切嗎？駭然之餘，自己也不禁覺得可笑。這不是歷史虛無主義嗎？至少應該承認，典籍史料畢竟是一種客觀存在。我們不相信史籍又能相信什麼呢？我們總不能憑空去虛構一種歷史。史籍畢竟提供我們一個依據。沒有這份歷史的遊覽圖，我們根本就沒有歷史遊覽。沒有遊覽，哪裡談得上對與錯？

不過，我還是堅持認爲這個怪想法是有一定道理的。誰沒有錯誤呢？上帝有錯誤。人們曾把自己託付給全知全能的上帝，他自己全知全能，卻不讓人全知全能；他要不能全知全能的人相信全知全能，這當然不可能；於是「上帝死了」，他扔下人不管就撒手而去。至少，這些都是他的錯。歷史也有錯。我們都知道歷史是在「否定之否定」的辯證理性中前進的。沒有錯，爲什麼要否定、再否定、不斷地否定呢？原始社會沒錯？奴隸社會沒錯？封建社會沒錯？資本主義社會沒錯？這簡直是一錯再錯。既然歷史也有錯誤，典籍史料怎麼會沒有錯誤？典籍史料是什麼？無非是歷史上這個人或那個人關於自己的或他人的思想、感情、想像的一些文字記載，或者是他或他對外在事物、這件事或那件事的一些認識、判斷、推理的一些文字記載。任何史籍都有歷史價值、歷史意義，但卻不說它就是歷史。誰能保證這個人的思想最正確、感情最偉大？誰能保證那個人的認識最科學、判斷最準確？誰又能保證正好是那些最有價值的文字在當時能發表、在今天能流傳？

孫子說：「見勝不過衆人之所知，非善之善者也；戰勝而天下曰善，非善之善者也。故舉秋毫不爲多力，見日月不爲明目，聞雷霆不爲聰耳。古之所謂善戰者，勝於易勝者也。古善戰者之勝也，無智名，無勇功。」一個人打了勝仗，如果天下衆人都說這場仗打得好，就不能說是打得最好。因爲誰都知道好，也就不算好得鳳毛麟角了。偉人之所以傑出，就是因爲他遠遠超過庸常，他是超人。庸常都說好，只說明你走在庸常前面半步，怎麼能說是超人呢？偉人總走在歷史最前面，他左顧右盼，「前不見古人，後不見來者」，他成了一個孤獨的人。

上面的這些話，這些道理，也可能全是錯的。這只需換一個角度。

人年輕時，誰心目中沒有自己的一個玫瑰女神、白馬王子？我們那時認爲：天底下只有一個女人，或一個男人才是自己最理想的終身伴侶，絕不可能有第二個。我們從此就在等待那個玫瑰女神、白馬王子有那麼一天，在一個春風明媚、鳥語花香的季節，她或他沐浴著滿身的霞光，奇跡般的出現在我們面前。這是一種普遍的觀念。所以我們聽到許多天下最匹配、最合諧、天做地合的金玉良緣的愛情故事，所以我們讀到「回眸一笑百媚生，六宮粉黛無顏色」、「在天願爲比翼鳥，在地願爲連理枝。天長地久有時盡，此恨綿綿無絕期」的哀艷詩句。一個多麼令人神往、多麼富有詩意、多少美妙絕倫的期待！

這個憧憬在理論上是完全可以成立的。只有一個女人與一個男人可以產生身心的最完美結合。但事實上，這個美夢在現實中卻有許多無法解決的難題。不錯，這世界上確實只有一個白馬王子、玫瑰女神最適合你，但你怎麼知道這個夢中的王子、女神在哪裡呢？也許她（他）已成爲歷史，也許他（她）還未降臨人世；也許他或她出生另一個國度、另一個民族，你與她（他）根本無緣相會，也許他（她）與你在茫茫人海中擦肩而過，匆忙間你竟沒認出他（她），竟失之交臂；也許你好運氣碰見了他（她），卻因一時臉紅未能搭上話；還有一個也許，也許你與他（她）萬分幸運地同床共眠，可是你卻沒有醒悟到這個與你終身相依的人就是你朝思夢想的那個她（他）！結果你就像西方荒誕派戲劇、貝克特的名作《等待戈多》中的流浪漢弗拉季米爾和愛斯特拉岡一樣：終身期待「戈多」，「戈多」卻始終不出現。

白馬王子、玫瑰女神久等不至，你終於知道人生等不起，你懂得了現實壓力，只好將就現實。但那時，你就會像張潔的散文《揀麥穗》裡說的農村姑娘一樣：她們小時一邊揀麥穗，把揀將來換嫁妝的麥穗一棵棵放進籃子裡，一邊也在揀拾一個姑娘的幻想，把一個個幻想也放籃子裡，但等到出嫁時，這一切都變了味。塞涅卡有一句話：「願意的人，命運領著走；不願意的人，命運拖著走。」你不願意又能怎樣？

人生是一種創造，是一種實踐，是一種創造和實踐的過程。夢想一個意中人，選擇一個意中人，與意中人一起領略人生，這也是一種創造性的實踐過程。當你幻想一個意中人時，你並沒有錯。但這時的意中人畢竟只是「觀念的存在」。把幻想變爲現實，這就需要創造和實踐的過程了。因此，眞正理想的伴侶是實踐出來、創造出來的。最美滿的愛情、婚姻是夫妻雙方創造出來的。最理想的白馬王子、玫瑰女神是由玫瑰女神、白馬王子相互造就的。戀人總是在相互塑造。兩個男女能否成爲最水乳交融的一對，不是什麼天設地造而成，而是完全看他們自己，這是男設女造而成的。

歷史也是一種創造、一種實踐，一種創造和實踐的過程。把歷史人物來置換上述的意中人情況也是一樣。也許確實有一些對人類有傑出貢獻、代表人類理想的偉大人物。有這樣的人物，就是說他首先存在。他存在了，才能談他的意義。但他存在的意義也是被創造出來的、也是一個過程。如果典籍史料中他不出現，那麼我們只好說：他已經不存在。他不存在於今天，他對今天就沒影響，我們又怎麼能理解他的偉大？十分遺憾的是，對一個出現在歷史上的傑出人物，不管我們喜不喜歡他，不管我們滿不滿意他，我們得承認一個事實：他已經歷史地存在，所以他成了傑出人物。

善戰者無智名、無勇功，這是一種歷史眞實。對一種歷史眞實，我們只好原諒、只好承認。善戰者有智名、有勇功，這又是一種歷史眞實。對這種歷史眞實，我們也只能持肯定態度。要不然，我怎麼可能在今天寫孫子？

修道保法

中國古代文化中，政治思想成熟很早。諸子百家雖各學有專攻，但無不涉及到政治思想。故有讚文治的，也有頌武功的；有倡仁義道德的，也有崇以法制人本的：有推行王道的，也有主張霸道的：當然也有主張師法自然，無爲而治的。但僅就政治思想而論，影響最大的當屬儒、道、法三家。孔子的一句話很能代表他的政治主張。他說：「道之以政，齊之以刑，民免而無恥；道之以德，齊之以禮，有恥且格。」韓非子也有一句話能鮮明表達其政治主張。他說：「聖人之治國也，固有使人不得不愛我之道，而不恃人之以愛爲我也。恃人之以愛我者，危矣。恃吾不可不爲者，安矣……明主知之，故設利害之道以示天下而已矣。」有意思的是，兩人說話時，一個溫文爾雅的表情如在目前，一個則冷峻嚴酷神態躍然紙上。

有許多事情可以爲孔子說的道理作注釋。東周時期，晉國因天災鬧飢荒，「飢寒起盜心」，盜患泛濫。荀林父大權在握，他專以捕殺盜賊爲能事。當時有個叫郤雍的人，特別擅長捕捉盜賊，因而受荀林父的重用。一天郤雍在市上遊逛，忽然指著一個人說，他是盜賊。捉來一審果然不錯。他的上司很覺詫異，問他何以知那人就是盜賊。他答曰：「經我觀察，我發現此人一看見市面上賣的東西，眉眼之間就流露出一種貪婪的神情。他一見到我，就面帶懼色。因此我斷定此人一定是個盜賊。」當時有個大夫叫羊舌職的聞此事後說：「民諺云：『明察淵中之魚的人不吉祥，料知隱匿之事的人必遭殃』，現在郤雍能明察秋毫，大概不會活很久了。」不出三天，郤雍果然被盜賊殺死在城郊，荀林父也因此憂憤而死。後來一個叫士會的接替荀林父為輔政，他一反前任的作法，廢除緝捕盜賊的法律條文，致力於道德教化，結果使作奸犯科之人無處容身，紛紛逃往他國，晉國因此大治。

可爲韓非子的話作論據的事情也不少。在歷史上，只講究文治、荒廢武功的國家被武力強的異國侵占、奴役的事例比比皆是。李鑒的《太白陰經》中說：「徐守仁義，社稷兵墟；魯尊儒墨，宗廟泯滅。」戰國時有一個徐偃王，在作戰時大行所謂「仁義」，結果被楚國滅掉；當時孔子的故國魯國一味尊崇儒家的「仁愛」、墨家的「兼愛」學說，結果國家被毀，宗廟不存。在文學史上有一位著名的大詞人李煜，他天性儒雅，「其所作之詞，一字一珠」。王國維讚許說：「李重光之詞，神秀也」（李煜字重光），李煜又是南唐的最後一位國君。據史載，「煜嗣位初，專以愛民爲急，蠲賦息役，以裕民力。尊事中原，不憚卑屈。」可見他是一位以仁愛治國的君王，但他雖尙「文治」，卻棄「武功」，故史稱其「頗廢政事」。公元九七五年，宋朝將領曹彬率兵攻破金陵，李煜被迫出降。他寫有一首《破陣子》頗能表達他的獨特命運。其詞曰：「四十年來家國，三千里地山河。鳳閣龍樓連霄漢，瓊枝玉樹作煙蘿，幾曾識干戈。一旦歸爲臣虜，沈腰潘鬢銷磨。最是蒼惶辭廟日，教坊猶奏別離歌，垂淚對宮娥。」對這位文章聖手、武力囚徒，後人評價說：「李重光風流才子，誤作人主，至有入宋牽機之恨。」

日常生活中，常說「秀才遇到兵，有理說不淸」。每逢碰到文弱書生遇到強徒暴力而束手無策、徒受欺凌的事時，我就想：現代的「文弱書生」是否可以成爲「武強書生」、成爲文武全才？他們不僅有良好的道德修養、滿腹經綸，同時也有強健的體魄、孔武有力，他們能以文論理、以武抗暴。使人欣慰的是，這似乎確實是文化人歷史演變的一個大趨勢。

如上所說，儒家崇尚仁義道德，法家倡導以法齊民，這兩者都有道理，但也都不無偏頗。所以事實上它們在政治思想上形成一種互補。其實有哪一個朝代、有哪一個國家只講禮治而不用法治、或只講法治而絕棄禮治的呢？禮、法兼治就是中國古代所謂「文武之道」、「剛柔相濟」的政治思想傳統。對此，李澤厚在其《中國古代思想史論》中說：「《史記》說，申韓『慘礉少恩，皆原於道德之意』，又說法家『專決於名而失人情』。《老子》、韓非以及某些道法家與以人情心理為原則的孔門仁學相抗爭的最終結果，由於社會基礎的根本原因，在政治上形成了『陽儒陰法』、『雜王霸而用之』的專制政治傳統。」也許，與政治最相近的其實是軍事。也許，不僅戰爭是政治的繼續，政治也是軍事的繼續。所以雖然歷代軍事家們無一不偏重法治，但卻都對「文武之道」也頗有心得。《司馬法》說：「故禮與法表裡也，文與武左右也」；《三略》說：「《軍讖》曰：能柔能剛，其國彌光；能弱能強，其國彌彰；純柔純弱，其國必削；純剛純強，其國必亡。」作為中國古代「兵家聖典」，《孫子兵法》對此也多有論述。其《行軍篇第九》中說：「故令之以文，齊之以武，是所必取」；其《形篇第四》中說：「善用兵者，修道而保法，故能為勝敗之政。」

附及：諸子百家中，與孫子思想最接近的，也許並不是老子，而是韓非子。兩人都以排斥溫情脈脈的感情、進行冷峻的理性思考為特點，都以不作純思辯，而崇尚功利、以利作為判斷事物的準繩為特色；都以權謀、算計作為理論方法為特色。只是韓非子走得更遠、更趨極端。所以孫子還提「修道保法」、「齊之以文，命之以武」，而韓非子則斷然說是「明主之道，一法而不求智，固術而不慕信。」

「數」論

我把《孫子兵法》與孔子《論語》作過一個比較，發現有個有趣的問題。孫子有極強的數目概念，文中涉及數目的地方多達上百，而孔子對數目無特別愛好，故文中數目相對少一些。譬如說，孔子曰：「朝聞道，夕死可也。」若讓孫子來表達，那就會是，孫子曰：「百年而聞道，一日死可也。」反之，孫子曰「知彼知己，百戰不殆；不知彼知己，一勝一負。」若讓孔子來表達，那可能是：「知彼知己，無戰不殆；不知彼知己，勝負相若。」

究其原因，從兩人研究的對象看，孫子的領域是軍事，孔子的領域是倫理。前者屬自然科學，故數量觀念強；後者屬社會科學，故數量觀念弱。從思維方法看，孫子的理論與日常生活有一段距離，更抽象，重歸納；孔子的理論由日常生活啓發，因而更注重形象，屬發散型。從個人性格看，孫子言行簡約，思維嚴謹，具科學家氣質；孔子思路活躍，愛發感慨，藝術家氣質濃。

中國哲學中雖然沒有畢達哥拉斯學派（古希臘的一個哲學流派，其代表人物為畢達哥拉斯，其哲學觀點為「凡物皆數」，特徵是把數哲學化），但對數卻有十分明顯的愛好。如陰陽五行、易經八卦，「道生一，一生二，二生三，三生萬物」，以及一分為二，合二而一等等。進而，整個中國文化也有迷戀數字的特點。且不談古漢語中用三、九等實數來表示衆多的虛數等現象，連民間喝酒猜拳，也是「哥倆好」、「五魁首」、「八匹馬」。數目的運用中，明顯滲透有民族心理在內。中國人列舉數目，一般到九為止。氣候分為九九，如冬九九、夏九九、九九艷陽天；天分為九重九霄；河分為九流九派；政權的象徵為九州九鼎；連麻將中的條、筒、萬也到九封頂。究其原因，中國人歷來恪守中庸，時刻警惕因至「極」而必然會引起向相反方向的轉化。「月盈則虧，水滿則溢」、「盛極則衰、弓滿則斷」等金玉良言是千年古訓。表現最突出的是民間壽誕，實行的是「逢九作壽」。比如說分明是六十大壽，但祝壽的那一天卻是五九周年的生日。

對中國人影響最大的數字是五和八。這明顯反映了一種民族文化特色。

「五」的哲學基礎是「五行」。它被認爲廣泛地存在於自然、社會、人的各方面。如音樂有「五音」（宮、商、角、徵、羽），色彩有「五色」（青、赤、黃、白、黑，古人以此五種爲正色，其它爲間色），人體有五臟（又稱五中、五內）、五官、糧有五谷（哪五谷說法不一），食有五味（酸、甜、苦、麻、辣），人有五情（喜、怒、哀、樂、怨），甚至人倫綱常也是「五常」（仁、義、禮、智、信）。值得注意的是「五行」學說在戰國時期尤爲流行。而《孫子兵法》中，使用最多的數字恰恰是五。開篇論道就是「經之以五」、「將有五德」，還有「知勝有五」、「色不過五」、「五行無常位」、「將有五危」，連「火攻」的方法也是五種、軍事間諜分爲五類。這也充分證明了孫子對民族文化的汲取、運用及他所具有的民族文化的代表性。

「八」的哲學淵源是「八卦」。八卦原是《周易》中的八種基本圖形，主要象徵天、地、雷、風、火、水、山、澤八種自然現象，並可以之解釋一切。八卦源於「取象」。其中最基本的構成元素爲陽爻（符號爲「一」）、陰爻（符號爲「--」），這兩種符號「遠取諸物」，分別是「天」和「地」的外觀表象模擬；

「近取諸身」則分別代表男、女兩性的生殖器官。八卦的學問是一種「系統科學」，同時也傳達著太乙的神秘信息。於是「八」世俗化，成爲民間最崇敬的數字。逢八結婚；要想發，不離八，這最初是從生殖繁衍說的。其後被引申到商品經濟觀念中。這時的「八」（發）則是指發財。今人連電話號碼也有「吉祥號」。

今日孫子

人死不能復生。但一個人的思想卻可能沉寂多年後再度復活，成爲人類文化中的一個熱點。孫子就是如此。但《孫子兵法》在當今世界風靡似乎帶有更大的戲劇性。譬如孔子在中國現代史上大起大落、與時浮沉、死死生生，人們已習慣將此視爲一種必然現象。孫子則不然。《孫子兵法》畢竟是一部軍事理論著作，一部古代的軍事理論著作在今天成爲全社會關注的熱點，這就有些不尋常了。《孫子兵法》「熱」在中國，這也容易解釋。這本書畢竟代表了中國文化，在中國文化的某些方面，甚至是最集中的代表者。然而《孫子兵法》卻「熱」在世界，尤其是日、美。而且今日的「孫子熱」事實上是先國外、後國內，國外「孫子熱」對國內「孫子熱」起了「升溫」作用。這就更有些不尋常了。

中國兵學成熟最早、博大精深。作爲中國兵學寶庫中最璀璨的一顆明珠，《孫子兵法》被國外尊爲「東方兵學鼻祖」、「兵學聖典」、「世界第一兵家名書」、「戰略學的始祖」。它受之無愧。但孫子以來，人類文明已走過了二千幾百年的歷程。隨著科學技術（包括軍事科學技術）的長足發展，今天的戰爭與古代戰爭已有天壤之別，不可同日而語。《孫子兵法》中所說「甲冑矢弩，戟盾蔽櫓，丘牛大殺」，這些東西今天只有在軍事博物館裡才可以看到；至於其中所說的「衆樹動者，來也；衆草多障，疑也；鳥起者，伏也，獸駭者，復也；塵高而銳者，車來也；卑而廣者，徒來也，散而條達者，樵採也；少而往來者，營軍也」，這些古代戰爭中的實際經驗性的東西，因戰爭規模、戰爭裝備等發生了巨大變化，在今天也沒有什麼現實意義和借鑒價值了。那麼爲什麼《孫子兵法》在世界上仍被視爲各國軍事家必讀之書、被有些軍事院校列爲必修課程呢？這就與今天的國際軍事大格局、軍事發展大趨勢、軍事思想大戰略的新特點有密切的關係。

第二次世界大戰以來，到前蘇聯解體，世界戰略總格局發生了極大變化。美國、前蘇聯兩強爭霸而軍事實力大體均衡，這樣就形成了戰略僵持狀態。中國和被稱爲「第三世界」的國家作爲一支獨立力量正在崛起，使國際政治、經濟、軍事力量趨向多極化。這種平衡和多極化，加之國際上各國和地區間經濟上相互依賴的現象日益明顯，使爆發世界戰爭的可能性大爲減少。另一方面，隨著軍事科技的發展、開發和應用，美與前蘇聯軍備競賽升級；而並非拉廣大地區矛盾錯綜複雜，某些國家、地區局勢動蕩，不斷出現戰爭新焦點。這些因素又導致了局部戰爭連綿不絕。根據這一國際戰略的新形勢，許多國家都結合本國實際情況，重新調整和修訂了自己的總體軍事思想。

對這些國家軍事思想產生了最大影響的可能就是核子武器的出現和其無法估量的摧毀性威力。一位西方記者在六十年代初目睹了美國第一次氫彈爆炸試驗後說：「它意味著一切戰爭的結束」，並斷定「這種武器是不會使用的。」早在一九五六年，蘇共第一書記赫魯雪夫就提出「在使用核子武器的戰爭中將沒有勝利者」的新論點；而戈巴契夫則提出了自己的「新三論」，即核戰無勝敗論、核戰非政治手段論和核戰非政治繼續論。「一旦爆發核子戰爭，那就意味著人類文明的毀滅，甚至可能是地球上生命本身的滅亡」。這種看法事實上代表了今日西方國家和東歐主要國家的基本觀點。核子武器已經出現並較普遍地存在，但又必須阻止對手的戰略進攻、遏制核子戰爭的爆發，於是「威懾」理論應運而生，並成爲一些主要國家戰略思想中最重要的內容。而所謂「威懾」思想，就是擁有核子力量，但儘量不使用此力量，以核子力量作爲「威懾」手段，達到「上兵伐謀」、「不戰而屈人之兵」的目的。而這種風靡世界的「威懾」戰略思想，正好與孫子的戰略思想不謀而合。例如，據《紐約時報》一九八〇年八月八日報導，當時美國總統卡特簽署的「總統第五九號命令」，內容就是採用美國戰略研究中心研究的「孫子的核子戰略」，它的中心內容就是用今天的「相互確保生存和安全」取代過去的「相互確保摧毀」。因此，孫子被國外稱爲「戰略學的始祖」，《孫子兵法》成爲國外軍事思想研究的一個焦點。

「孫子熱」在中國出現更多文化上的根源。西風東漸以來，我們打開了「看世界」的窗口。「外面的世界很精彩」，我們在「拿來」了西方科技的同時，也「拿來」了西方的一些文化；「外面的世界很無奈」，我們畢竟有自己悠久的文化傳統，如何在中西文化碰撞中，既繼承優良文化傳統又借鑒外來文化使之現代化，就成爲一個時代的大課題。於是，中國同時出現了西方文化熱和民族文化熱。《第三次浪潮》與「中庸之道」爭奇鬥艷，薩特與《周易》相映成趣。孫子在這場奇特的文化熱中處於一個十分獨特的位置。國外重視《孫子兵法》使國內意識到它蘊藏著一種可以發掘的現代文化涵義；國內的文化熱使《易經》熱、莊子熱、孫子熱，熱潮迭起，成爲連鎖反應。要說中國當代文化最明顯的新趨向，我以爲就是由過去的「理論至上」向「世俗化」的演變。這種演變從最大方面的「戰略大轉移」到最小方面的衣食住行都可以清楚見出。隨者社會生活「世俗化」，應用科學被充分強調。商品經濟觀念得以逐步確立，過凡塵中的世俗生活成爲中國人的主導觀念。與春秋戰國時期其他諸子百家相比較，孫子的學說有一個明顯的特點，即它直接來源於戰爭實踐，是戰爭實踐經驗的一個總結。它並不作「形而上」的玄思冥想，不發抽象的理學議論，它簡潔明瞭、實用有效。它的這一特點使它在無形中也切合了「世俗化」社會生活的需要。這是「孫子熱」產生的另一原因。（有意思的是最「形而下」的「孫子熱」與最「形而上」的「《易經》熱」同時出現，並且人們還總把它們聯繫在一起，我的解釋是：中國古代有一個哲學命題，就是「極端相合」，而且神奇的《易經》以其神奇的方式符合了當今國人世俗生活的需要。不應忽視八卦在預言人的禍福方面成爲了「算命」的工具。）

值得注意的是，《孫子兵法》這一軍事古籍在國外的影響並不僅限於軍事，它還受到日、美等國政治、外交、工商企業各界的高度重視，被稱爲「政治秘訣」、「外交教科書」、「人生哲學」。日本人聲稱，「你想成爲管理人才嗎？必須去讀《兵法》」，日本有的企業還專門爲中層以上幹部專門舉辦《孫子》學習班。這是一個很有趣的現象。《孫子兵法》被視爲「政治秘訣」，是因爲中國歷史悠久、政治早熟。政治與軍事中有些共通的地方。正如德國著名軍事理論家克勞塞維茨所說，與戰爭這一社會生活領域最接近的是政治。孫子重權謀。「權」有權衡、隨機應變的意思，也有權力、政權的意思。權謀思想自然成爲政治學中的一大內容。關於這一點，我在《權謀》、《權謀補白》中已經談過。

《孫子兵法》被廣泛運用於商貿中，這也事出有因。本來，「兵以利立」、「軍爭爲利」，古今中外概莫能外。其實，商貿何嘗不是以「利立」、爲「利」爭？所不同的是，古代爲「爭利」直接依靠的是赤裸裸的戰爭掠奪；而今天的爭利，更主要的是依靠商貿競爭。「戰爭」與「競爭」一字之差，一方面昭示了人類文明的歷史進步，另一方面也證明了兩者之間的天然連繫。所以恩格斯說：「戰爭最像貿易。戰爭中的會戰就等於貿易中的現金支付：儘管它實際上很少發生，但一切仍以它爲目的，而且它最後必將發生，並有決定性作用。」既然如此，《孫子兵法》由「兵學聖典」演變爲商學聖典又順理成章。

新時代來臨，中國由連綿不斷的政治運動轉移到國民經濟建設上來，國民經濟發展很快，商品經濟觀念逐漸確立。過去計劃經濟占統治地位，連商貿也避諱言利。至此，今天流行一句話：商場如戰場。人們公開把商業競爭稱爲「商戰」。中國經濟生活中出現的這一歷史性變化爲《孫子兵法》熱打下了一個堅實的基礎。隨著經濟潮起潮落，企業「兼併」、股票熱、房地產熱，這一波接一波奔湧而至，而《孫子兵法》也得到廣泛的運用，大為普及。於是諸如《孫子兵法與炒股實戰一〇〇計》之類的書擺滿了大小書攤。

在一個變革的時代，自然會出現許多新思想、興起許多新學科。中國人忽然認識到管理學的重要性。企業管理、決策論、效率等成為經濟學這部詞典中出現頻率最高的流行詞彙。因此《孫子兵法》中的管理思想也成為國人研究的一個方向。古代社會，「國之大事，在祀與戎」。戰爭的頻繁使我國軍事學發展很快、成熟最早。那時的社會，自然性強、社會性差。小國寡民，「雞犬之聲相聞，人至老死不相往來」。連國家管理都只是粗枝大葉，當然更談不上什麼企業管理。人類社會最早形成的嚴密組織莫過於軍隊。任何嚴密組織都有一個管理問題。《孫子兵法》這一「世界古代第一兵書」當然也會包含有管理學的內容。現代管理學強調組織的目的性、層級性，認為人事的中心是幹部，幹部是管理活動的主體，把管理劃分為計劃、控制、協調、獎罰等內容，「管理就是決策」，決策需要掌握情報，「廟算」等等。而這一切，都可以在《孫子兵法》中找到一些源頭活水和思想雛形。現代企業管理者由《兵法》中說的「令之以文，齊之以武」聯想到思想教育與規章制度的重要，受「聚三軍之衆，投之於險，此謂將軍之事也」的啓示而創造出所謂「救災式管理法」，從「上兵伐謀、其次伐交，其次伐兵，其下攻城」領悟到抉擇和決策的重要性……這是《孫子兵法》在今天爲人所津津樂道的又一原因。

只要出現了什麼新學科、新思想、新理論，就急急忙忙地翻古籍、找根源，以此自誇民族文明的悠久與深奧，這是淺薄。面對今天的「孫子熱」，我們並不認爲《孫子兵法》就隱藏著一種「核戰略」思想，是一本「商戰」指南，有一套管理理論。但人類的繁衍、自我生產本身就包括兩個方面：血肉之軀與思想精神。任何新東西都絕不是無源之水、無本之木。人的肉體有所本，人的精神也有所源。而且，儘管人類由春秋末期的鐵器時代發展爲今天的電子時代，外部世界發生了翻天覆地的變化，但有些最基本的人性卻古今皆然，有些社會的最基本的規律卻永恆未變。正因爲如此，繼承民族文化，使之發揚光大，就成爲每一代人責無旁貸的義務；正因爲如此，我們研究孫子、復活孫子、讓孫子與我們在人生道路、歷史旅程上一同前行。

附錄

孫子兵法

始計第一

孫子曰：兵者，國之大事，死生之地，存亡之道，不可不察也。

〔譯文〕

孫子說：戰爭，是一個國家的大事，關係著人民的生死，國族的存亡，不可以不去深刻地考察瞭解。

故經之以五事，校之以計，而索其情。一曰道，二曰天，三曰地，四曰將，五曰法。道者，令民與上同意，可與之死，可與之生，而不畏危也。天者，陰陽、寒暑、時制也。地者，高下、遠近、險易、廣狹、死生也。將者，智、信、仁、勇、嚴也。法者，曲制、官道、主用也。凡此五者，將莫不聞，知之者勝，不知者不勝。故校之以計，而索其情。曰：主孰有道？將孰有能？天地孰得？法令孰行？兵衆孰強？士卒孰練？賞罰孰明？吾以此知勝負矣。將聽吾計，用之必勝，留之。將不聽吾計，用之必敗，去之。

【譯文】

因此以下列五個方面為綱領，透過分析評估，來驗核戰爭成敗的具體情勢：一是政治，二是天時，三是地利，四是將領，五是法制。所謂「政治」，是要讓民與國君的意願一致，可以為國君而死，也可以為國君而生，不懼怕任何危險。所謂「天時」，指的是陰陽向背、氣候冷暖、以及四時節候的變化。所謂「地利」，是指地勢的高低、距離的長短、或險要、或平夷、或廣闊、或狹窄、或死地、或生地等各種不同的地形條件。所謂「將領」，必須具備智謀、誠信、仁愛、勇敢、嚴明等品格與才能。所謂「法制」，指的是軍隊的編制、官士的委派、以及軍需的管理。凡是屬於這五個方面的各種情況，作為將帥的人都必須知曉，能夠瞭解並加以掌握的，就會取得戰爭的勝利；而不能夠瞭解掌握的，便註定要失敗。所以說要透過分析評估，來驗核戰爭成敗的具體情勢。那麼，當戰爭即將發生之時，那一方的國君政治清明？那一方的將領比較具有才能？那一方擁有較為有利的天時地利？那一方能貫徹法令的執行？那一方的武力強大？那一方的士兵訓練精良？那一方的賞罰嚴明？憑藉這些，我就可以斷定戰爭的勝負。只要國君肯聽從我的計謀，則用兵作戰必定勝利，我就留下來輔佐他。如果國君不能聽從我的計謀，則用兵戰一定失敗，這樣的話，我就會離去。

計利以聽，乃為之勢，以佐其外。勢者，因利而制權也。兵者，詭道也。故能而示之不能，用而示之不用，近而示之遠，遠而示之近，利而誘之，亂而取之，實而備之，強而避之，怒而撓之，卑而驕之，佚而勞之，親而離之。攻其無備，出其不意。此兵家之勝，不可先傳也。

〔譯文〕

籌劃有利的計略而能夠被採用，就會造成一種態勢，可以作爲外在的輔助條件。所謂「態勢」，就是利用已經取得的優勢，靈活應變。戰爭，是以詭詐權變爲原則的。所以部隊戰力旺盛的時候，要故意示弱；將要採取行動的時候，要裝作駐足不前；要攻向近處目標，就佯朝遠處而去；要攻向遠處目標，又刻意望近處而來。敵人貪利，就誘惑他；敵人混亂，就乘機攻打他；敵人力量充實時，要小心防備；敵人強盛，則暫時閃避；敵人士氣高昂，就設法挫折他；敵人卑怯慎行，要使他驕橫放縱；敵人安逸休整，就要使他疲困多勞；敵人和睦團結，就要去離間分化。進攻敵人沒有防備的地方，在敵人意料不到時採取行動。這就是軍事家所擅長的，卻又無法預先傳授的訣竅。

夫未戰而廟算勝者，得算多也；未戰而廟算不勝者。多算勝，少算不勝，而況于無算乎，吾以此觀之，勝負見矣。

【譯文】

凡是出兵交戰之前就預計可以獲勝，是由於籌劃周密的緣故；出兵交戰之前就預知無法獲勝，則是由於籌劃未周的緣故。籌劃周密，準備完全，就會勝利；籌劃未周，準備疏漏，就會失敗；更何況毫不作籌劃、準備的呢？我依據這些來觀察，勝負之分就顯而易見了。

作戰第二

孫子曰：凡用兵之法，馳車千駟，革車千乘，帶甲十萬，千里饋糧，內外之費，賓客之用，膠漆之材，車甲之奉，日費千金，然後十萬之師舉矣。

〔譯文〕

孫子說：凡是一般用兵作戰的法則，要動用輕裝車一千輛，重裝車一千輛，甲冑戰士十萬人，還必須出境千里運送軍糧，前線與後勤的各項經費開支，接待使節遊士的用度，作戰資材的採辦，車馬兵甲的維護薪餉，每日要花費千金鉅資，然後這十萬大軍才能夠開拔出發。

其用戰也，勝久則鈍兵挫銳，攻城則力屈，久暴師則國用不足。夫鈍兵挫銳，屈力殫貨，則諸侯乘其弊而起，雖有智者，不能善其後矣。故兵聞拙速，未睹巧之久也。夫兵久而國利者，未之有也。

〔譯文〕

用這樣的軍隊去作戰，如果是靠持久而取勝，會使部隊疲頓，士氣受挫，攻城時就會感到力量不足；而部隊長期在外，國家的財政也會因此而拮据。如果部隊疲頓，士氣受挫，軍力耗損，又財源枯竭，那麼其他諸侯就會乘此危機舉兵來犯，這時即使有足智多謀的人在，恐怕也無法挽救殘局。所以在軍事上只聽說過簡單速決以求勝的，從未見過以繁複費時而可以成功的。曠日持久的軍事作爲而可以對國家有利，是從來沒有的事。

故不盡知用兵之害者，則不能盡知用兵之利也。善用兵者，役不再籍，糧不三載。取用于國，因糧于敵，故軍食可足也。國之貧于師者遠輸，遠輸則百姓貧；近師者貴賣，貴賣則百姓財竭，財竭則急于丘役，力屈財殫中原，內虛于家。百姓之費，十去其七。公家之費，破車罷馬，甲胄矢弓，戟楯矛櫓，丘牛大車，十去其六。故智將務食于敵，食敵一鍾，當吾二十鍾；萁秆一石，當吾二十石。故殺敵者，怒也；取敵之利者，貨也。故車戰，得車十乘以上，賞其先得者，而更其旌旗，車雜而乘之，卒善而養之，是謂勝敵而益強。

〔譯文〕

所以不完全瞭解用兵有害於己方面的人，就不能完全懂得用兵對己有利的部分。善於用兵作戰的人，不會一再征役兵員，糧食也不會多次運載。兵員裝備由國內準備之後，糧食可以在敵人境內獲得補充，如此則軍需糧草的供給就會充足。國家因軍隊出征而貧困的，是由於長途運輸，補給太遠；長途運輸所造成的損耗，會促使百姓貧困；靠近軍隊駐地的物價往往騰貴，物價一旦騰貴則百姓的財力就會因此枯竭，百姓財力枯竭就會造成政府賦役上的壓力，像這樣國家將軍力財力耗盡於原野之上，而國內卻家家戶戶空虛不安。百姓的財產將耗費了十分之七，政府的財力，也會因為車輛的損毀、軍馬的疲蔽、盔袍戰甲弓箭弩矢以及矛戟盾櫓等兵器裝備的消耗、和牲畜大車的征調，而損失十分之六。所以明智的將領都務求在敵國境內取得糧草軍需，在敵境吃掉一鍾的糧食，相當於從本國運輸補給二十鍾，在敵境消耗一石的草料，相當於從本國運輸補給了二十石。殺敵要靠激昂的士氣，要奪取敵人最重要的東西，那就是財貨。所以在車戰中能繳獲十輛戰車以上的，就應該獎賞最先奪得戰車的人，並且換上我軍的旗幟，將這些繳獲的戰車混合編入我軍的行列，對於戰俘要善加供養，這就是所謂的越戰勝敵人、使自己越強的道理。

故兵貴勝，不貴久。

故知兵之將，民之司命，國家安危之主也。

〔譯文〕

所以軍事行動貴在簡速求勝，而不宜曠日持久。眞正懂得用兵的將領，不但掌握著人民的性命，同時也是國家安危的主宰者。

謀攻第三

孫子曰：凡用兵之法，全國為上，破國次之；全軍為上，破軍次之；全旅為上，破旅次之；全卒為上，破卒次之；全伍為上，破伍次之。

〔譯文〕

孫子說：戰爭的指導原則是，使敵人舉國降服爲最高原則，以武力擊破後獲勝是次一等；使敵人部隊完整的降服是最高原則，以武力擊破後獲勝是次一等；使敵人全旅降服是最高原則，以武力擊破後獲勝是次一等；使敵人全卒降服是最高原則，以武力擊破後獲勝是次一等；使敵人全伍降服是最高原則，以武力擊破後獲勝是次一等。

是故百戰百勝，非善之善者也；不戰而屈人之兵，善之善者也。故上兵伐謀，其次伐交，其次伐兵，其下攻城。攻城之法，爲不得已。修櫓轒轀，具器械，三月而後成，距堙又三月而後已。將不勝其忿而蟻附之，殺士卒三分之一，而城不拔者，此攻之滅也。故善用兵者，屈人之兵而非戰也，拔人之城而非攻也，毀人之國而非久也，必以全爭于天下，故兵不頓而利可全，此謀攻之法也。

【譯文】

因此，屢戰屢勝並不是善戰者中最高明的；不經由戰爭而能使敵軍屈服，才是眞正會打仗的人。所以最上等的軍事手段是智謀之戰，其次是運用外交戰術，再其次是戰場上擊敗敵人的軍隊，最下策才是攻打敵人的城池。攻城這種方式，是最不得已才使用的。修造帶有望樓的戰車、和裝護著皮甲的攻城車，準備各種攻城器械，要三個月才能完成，構築攻城用的土山，又要三個月的時間。將領忿恨難耐，命令士兵像螞蟻般緣牆而上，架梯攻城，結果損失掉三分之一的士兵，城池卻依然無法攻克，這就是攻城對進攻者所造成的災難。所以善於用兵的人，使敵軍屈服並不是依靠兩軍對恃的野戰，奪取敵人的城池也不是依靠一昧的強攻，而毀滅敵人的國家更不須仰賴持久的戰爭，一定要用「全勝」的戰略來與天下諸候競爭，這樣軍隊不會損耗疲頓，又能圓滿的獲取勝利，這就是運用智謀作戰的法則。

故用兵之法，十則圍之，五則攻之，倍則分之，敵則能戰之，少則能逃之，不若則能避之。故小敵之堅，大敵之擒也。

［譯文］

所以用兵作戰的原則是，擁有十倍於敵的兵力就包圍敵人；擁有五倍於敵的兵力就攻擊敵人；擁有兩倍於敵的兵力就去分化敵人；擁有與敵相當的兵力時，要能列陣而戰；兵力稍弱於敵時，要能夠組織退卻以自保；敵我兵力懸殊而我軍居於劣勢時，則要避免決戰，遠離敵軍。因此弱小的軍隊如果堅持固守，就會被強大的軍隊所擒俘。

夫將者，國之輔也。輔周則國必強。輔隙則國必弱。故君之所以患于軍者三：不知軍之不可以進而謂之進，不知軍之不可以退而謂之退，是謂縻軍，不知三軍之事，而同三軍之政，則軍士惑矣。不知三軍之權，而同三軍之任，則軍士疑矣。三軍既惑且疑，則諸侯之難至矣，是謂亂軍引勝。

〔譯文〕

將帥，如同國家的輔木一般，輔佐得周密則國家一定強大，輔佐得疏漏則國家必定衰弱。因此國管危害軍隊的情況有三種：不知道軍隊之所以不能進攻的原因，而命令軍隊進攻，不知道軍隊之所以不能退卻的原因，而命令軍隊退卻，這種情況就是牽制軍隊；不明瞭軍隊內部的事務，卻去干預軍隊的行政管理，這種情況會使將士們困惑，而手足無措；不懂得三軍彼此的權責劃分，卻要去參與軍隊的委任與指揮，這種情況則會使將士們產生疑慮。一旦軍隊將士有了困惑和疑慮，那麼諸侯各國舉兵來犯的災難就會降臨，這就是所謂擾亂自己的軍隊而導致敵人勝利。

故知勝有五：知可以與戰不可以與戰者勝，識衆寡之用者勝，上下同欲者勝，以虞待不虞者勝，將能而君不御者勝。此五者，知勝之道也。故曰：知彼知己，百戰不殆。不知彼而知己，一勝一負。不知彼不知己，每戰必敗。

【譯文】

由此可知想要獲勝的條件有五項：知道自己能不能作戰的一方可以勝利；懂得運用兵力多寡配置不同的一方可以勝利；全軍一心同德的一方可以勝利；以準備充裕對抗無所防備的一方可以勝利；將帥有才幹而國君又不知牽制的一方可以勝利。這五條，是判斷勝利的方法。所以說：既瞭解敵人，又瞭解自己情況的，作戰百次也不會有危險；不瞭解敵人，只知道自己狀況的，則勝負各半；不瞭解敵人，也不瞭解自己情況的，每次用兵作戰都必定會失敗。

軍形第四

孫子曰：昔之善戰者，先為不可勝，以待敵之可勝。不可勝在己，可勝在敵。故善戰者能為不可勝，不能使敵必可勝。故曰：勝可知而不可為。不可勝者，守也。可勝者，攻也。守則不足，攻則有餘。善守者藏於九地之下，善攻者動於九天之上，故能自保而全勝也。見勝不過衆人之所知，非善之善者也，戰勝而天下曰善，非善之善者也。故舉秋毫不為多力，見日月不為明目，聞雷霆不為聰耳。古之所謂善戰者，勝於易勝者也。故善戰者之勝也，無知名，無勇功，故其戰勝不忒。不忒者，其所措勝，勝已敗者也，故善戰者立於不敗之地，而不失敵之敗也。是故勝兵先勝而後求戰，敗兵先戰而後求勝。善用兵者，修道而保法，故能為勝敗之政。

〔譯文〕

孫子說：從前善於用兵作戰的人，先要小心謹慎的做到自己不被敵人所勝，而後待機使敵人可以被戰勝。不被敵人所勝的條件掌握在自己手中，能否戰勝敵人的契機則在於敵人是否有隙可乘。所以善於用兵作戰的人可以操控不被敵人所勝的條件，但是不可能做到讓敵人確定被我軍所戰勝。所以說：勝利是可以預知的，卻是無法強為的。不被敵人所勝的條件是防禦守備。想要獲得勝利，則在於進攻。採取守勢，是因為自己力量不足；採取攻勢，則是因為自己的力量仍有餘裕。善於防禦的人，將兵力深祕隱藏如密蔽於地下；善於進攻的人，將兵力開展靈活迅速如自九霄而降。因此既能保全自己實力，又能完整地奪取勝利。預見勝利卻不超出一般人所知，不算是善於用兵作戰中最高明的。以激戰取勝而被天下人所稱譽為高明的，也不算是善於用兵作戰中最高明的。因為舉起秋毫稱不上力氣大，能看見日月不能說是眼力很好，聽得見雷霆之聲也不算是耳力聰敏。古代所謂善於用兵作戰的人，是取勝於那些容易被戰勝的敵人。因此善於用兵作戰者的勝利，沒有智慧之名，沒有勇敢之功，所以他能戰無不勝而沒有差錯。之所以會沒有差錯，是由於他的作戰措施已經建立了勝利的基礎，他所戰勝的是早已處於失敗地位的敵人；所以善於用兵作戰的人是先讓自己掌握不會失敗的條件，而不放過導致敵人失敗的機會。因此會打勝仗的部隊一定是先有勝利的把握，然後才去發動戰爭；會打敗仗的部隊則往往是先去發動戰爭，再想辦法爭取勝利。善於用兵作戰的人，會修明政治、遵守法則，所以能夠掌握戰爭勝敗的決定權。

兵法：一曰度，二曰量，三曰數，四曰稱，五曰勝。地生度，度生量，量生數，數生稱，稱生勝。故勝兵若以鎰稱銖，敗兵若以銖稱鎰。

〔譯文〕

用兵的基本法則包括五個環節：一是土地面積的大小，二是物產資源的產量，三是人員質量的多寡，四是軍力強弱的比較，五是勝敗優劣的最後結果。只要有土地，自然會產生面積大小的不同；土地面積的不同，自然會有物產資源產量上的不同；物產資源產量不同，則人員質量的數目也會不同，一旦人員質量不同，軍隊實力就會有強弱不同的表現；而軍隊實力強弱的不同，自然對戰爭勝敗會有決定性的影響。所以會獲得勝利的軍隊相對於打敗仗的部隊而言，就如同拿鎰去和銖比較一樣，佔有絕對的優勢（一比五七六）；打敗仗的軍隊相對於勝利的軍隊，就如同拿銖去和鎰作比較一樣，是處於絕對劣勢。

勝者之戰，若決積水於千仞之溪者，形也。

〔譯文〕

在軍事實力上取得絕對優勢的部隊進行作戰時，就像是從千仞之高的懸崖決開溪澗的積水般，就是所謂的「形勢」。

兵勢第五

孫子曰：凡治衆如治寡，分數是也。鬥衆如鬥寡，形名是也。三軍之衆，可使必受敵而無敗者，奇正是也。兵之所加，如以碫投卵者，虛實是也。

〔譯文〕

孫子說：統御兵員衆多的部隊和統御兵 員寡少的部隊一樣，所依賴的是分層負責，做好組織編制。指揮兵員衆多的部隊戰鬥和指揮兵員寡少的部隊戰鬥一樣，所依賴的任官確實，命令能夠貫徹。領導三軍將士，能夠在遭受到敵人攻擊時，不曾失敗，是運用「奇正」的戰術變化。而當部隊進攻壓迫敵人時，可以如同拿石頭去打擊蛋卵一般，則是「避實就虛」的兵法運用。

凡戰者以正合，以奇勝。故善出奇者，無窮如天地，不竭如江海。終而復始，日月是也。死而更生，四時是也。聲不過五，五聲之變不可勝聽也。色不過五，五色之變不可勝觀也，味不過五，五味之變不可勝嘗也。戰勢不過奇正，奇正之變不可勝窮也。奇正相生，如循環之無端，孰能窮之哉？激水之疾，至於漂石者，勢也。鷙鳥之疾，至於毀折者，節也。故善戰者，其勢險，其節短。勢如彍弩，節如發機。紛紛紜紜，鬥亂而不可亂。渾渾沌沌，形圓而不可敗。亂生於治，怯生於勇，弱生於強。治亂，數也。勇怯，勢也。強弱，形也。

〔譯文〕

一般的戰爭情況，都是以常態作戰方式來迎戰敵人，而以奇巧的手段來謀取勝利。所以善於奇巧變化、能出奇致勝的將帥，其靈活變化如天地那樣不可窮盡，如江海那樣永不枯竭。終結後又重新開始，像日月般循環運行。消逝後又再次出現，像四季般不斷交替。樂音雖然只有五個音階，但是由這五個音階組合所產生的變化，卻可以成爲不同的樂曲使人聽也聽不完。色彩雖然只有五種原素，但是由這五種原素組給所產生的變化，卻可以成爲不同的圖畫使人看也看不盡。味道雖然只有五樣，但是由這五樣味道組合所產生的變化，卻可以成爲不同的美味使人嘗也嘗不完。而戰術的基本態勢只不過是常態和奇巧兩種，可是常態的戰術和奇巧的戰術交互運用的變化，卻可以無窮無盡。常態與奇巧二者彼此轉化，如同圓圈環繞不絕，沒有終端，誰又能夠找到盡頭呢？湍激的流水飛快奔瀉，使得石頭都被沖激得漂移開來，所憑藉的是水的態勢。凶猛的鷹鷙迅速搏擊，使得禽獸都遭到撕裂而喪生，所憑藉的是攻擊時的節奏。所以善於用兵作戰的將帥，所造成的態勢是險利的，所掌握的節奏是短促的。險利的態勢像張滿的強弩，短促的節奏像擊扣的扳機。戰場上人馬雜沓，旌旗交錯，卻要在混亂中戰鬥而使自己部隊不因此混亂。塵土迷蒙，煙霧渾濁，卻要保持陣容嚴整周密而不被敵人所擊敗。混亂是相對於整齊的，膽怯是相對於勇敢的，虛弱是相對於強大的。整齊和混亂與否，取決於組織編制的好壞。勇敢和膽怯與否，取決於戰場態勢的優勢。強大和虛弱與否，則是取決於陣容實力的大小。

故善動敵者，形之，敵必衆之；予之，敵必取之，以利動之，以本侍之。故善戰者，求之於勢，不責於人，故能擇人而任勢。任勢者，其戰人也，如轉木石。木石之性，安則靜，危則動，方則止，圓則行。

〔譯文〕

所以善於誘使敵人行動的將帥，以僞裝的陣容態勢去迷惑敵人，敵人必定會信以爲眞而採取行動；用小利去引誘敵人，敵人必定會跟隨著加以奪取。用這些看似對敵有利的誘因去促使敵人調動部隊，喪失主動，再以強大的軍隊去守候敵人，伺機攻擊。因此善於用兵作戰的將帥，會去設法營造有助於己的態勢以求主動，不會去被動地苛求他人，所以能夠不強求於人而完全憑藉著自己營造的有利形勢。憑藉著自己所營造的有利態勢的將帥，指揮部隊作戰，就好像去滾動木頭和圓石。木頭和圓石的特性，是放在平坦的地方就靜止，放在斜陡的地方就滾動，遇到方形的稜角會停住，遇到圓形的一面就繼續前行。

故善戰人之勢，如轉石於千仞之山者，勢也。

〔譯文〕

所以善於用兵作戰的將帥所營造出來的有利態勢，就如同轉動石頭從萬丈高山滾下來一樣，這就是所謂的「態勢」。

虛實第六

孫子曰：凡先處戰地而待敵者佚，後處戰地而趨戰者勞。故善戰者致人而不致於人。能使敵人自至者，利之也。能使敵人不得至者，害之也。故敵佚能勞之，飽能飢之，安能動之。出其所不趨，趨其所不意。

〔譯文〕

孫子說：一般先抵達戰場等待敵人的部隊就主動安逸，後到達戰場匆促應戰的部隊就被動疲勞。所以善於用兵作戰的將帥，會使敵人過來遷就於我，而不會讓自己去遷就於敵人。能夠使敵人自動到達我所設計的地點，那是用小利去引誘的結果。能夠使敵人無法到達他所預定的地點，則是我軍阻撓敵人的結果。所以即使敵人安逸，也要能夠使他疲勞；即使敵人糧食充足，也要能夠使他飢餓；即使敵人部隊平穩，也要能夠使他騷動。向敵人不能夠前往的地方出動，向敵人意想不到的地方進擊。

行千里而不勞者，行於無人之地也。攻而必取者，攻其所不守也。守而必固者，守其所必攻也。故善攻者，敵不知其所守；善守者，敵不知其所攻。微乎微乎，至於無形。神乎神乎，至於無聲。故能為敵之司命。進而不可御者，沖其虛也。退而不可追者，速而不可及也。故我欲戰，敵雖高壘深溝，不得不與我戰者，攻其所必救也。我不欲戰，雖畫地而守之，敵不得與我戰者，乖其所之也。

〔譯文〕

行軍千里而部隊不會感覺疲勞的，是因為行走在沒有人阻撓的區域。進攻而肯定可以奪取的，是因為去攻擊敵人沒有防備的地方。防守而肯定可以牢固的，是因為防守在敵人必然進攻的地方。所以善於進攻的將帥，會使敵人不知道該如何防守；善於防守的將帥，會使敵人不知道該如何進攻。戰術手段運用的微妙，竟然沒有形跡可尋。部隊攻防行動的神奇，竟然沒有聲息可追。因此可以主宰敵人的命運。進攻而使敵人不能抵禦的，是由於直接打擊敵人的弱點。退卻而使敵人不能追擊的，是由於行動迅速使敵人無法趕上。所以當我軍想要決戰的時候，就算敵人有高壘深溝的防禦工事，也不得不出來與我軍決戰的原因是，攻打敵人所必定要救援的要害。當我軍不願意決戰的時候，就算我軍被侷限在陣地之中從事防禦，敵人也無法迫使我軍決戰，那是因爲乖違了敵人的意念而改變他的進攻方向。

故形人而我無形，則我專而敵分。我專為一，敵分為十，是以十攻其一也，則我衆敵寡。能以衆擊寡，則吾之所與戰者約矣。吾所與戰之地不可知，不可知則敵所備者多，敵所備者多，則吾所與戰者寡矣，故備前則後寡，備後則前寡，備左則右寡，備右則左寡，無所不備則無所不寡。寡者，備人者也。衆者，使人備己者也。故知戰之地，知戰之日，則可千里而會戰。不知戰地，不知戰日，則左不能救右，右不能救左，前不能救後，後不能救前，而況遠者數十里，近者數里乎？

〔譯文〕

使敵人的形跡暴露而我軍卻不露痕跡，那麼我軍的兵力就可以集中，而敵軍的兵力就會分散。我軍兵力集中爲一股，敵軍兵力分散爲十股，如此等於是用十倍的兵力打擊敵人，造成我方力量大而敵方力量小的態勢。能夠用力量大的部隊去攻擊力量小的部隊，這樣與我軍正面決戰的敵軍數量就很少了。我軍所要與敵人決戰的地點不爲人知，一旦不爲人知則敵人所要防備的地方就會變多，一旦防備的地方變多，兵力分散，這樣能夠與我軍決戰的敵軍，也就相對減少了。所以如果敵人防備前方，則後方兵力一定會變得薄弱；如果敵人防備後方，則前方的兵力一定會變得薄弱；如果敵人防備了左方，則右方的兵力一定會變得薄弱；如果敵人防備了右方，則左方的兵力一定會變得薄弱；如果敵人每個地方都防備，那就表示沒有一個地方的兵力不是薄弱的。兵力薄弱的部隊，是防備別人的一方；兵力強大的部隊，是使別人防備自己的一方。所以能夠預知決戰的地點、決戰的時間，才能夠行軍千里前往會戰。不能夠預知決戰的地點、決戰的時間，則會有顧得了左方就救援不了右方，顧得了右方又救援不了左方，趕著到前方去就管不了後方，趕著到後方來又管不了前方，這樣手忙腳亂、無法相互呼應的情形，更何況還想要行軍到數十里之遠、或數里之近的地方作戰呢？

以吾度之，越人之兵雖多，亦奚益於勝哉？故曰：勝可為也。敵雖眾，可使無鬥。

【譯文】

依我的分析，越國的軍隊雖然兵員眾多，但是對於取得戰爭的勝利又有什麼幫助呢？所以說，勝利是可以去爭取的，敵軍雖多，卻可以使敵軍無法與我軍較量。

故策之而知得失之計，作之而知動靜之理，形之而知死生之地，角之而知有餘不足之處。。故形兵之極，至於無形。無形則深間不能窺，智者不能謀。因形而措勝無眾，眾不能知。人皆知我所以勝之形，而莫知吾所以制勝之形。故其戰勝不復，而應形於無窮。

〔譯文〕

所以籌劃計謀能 估算敵我雙方態勢的優劣，操作戰略能探知彼此佈署行動的規律，偵測形勢能瞭解陣容開展的勝負處境，試探性的戰鬥能知曉相互間的強弱虛實的地方。所以軍隊陣容佈署的最高境界，是要做到無跡可尋。一旦做到無跡可尋，就算有潛伏深藏的間諜也沒有辦法窺探情報；有聰明絕頂的謀士也沒有辦法揣測我軍的意圖。根據陣容佈署的變化來獲得勝利，即使把勝利放在眾人之前，眾人仍是無法瞭解其中的奧妙。眾人都知道我取得勝利的陣容佈署的開展，卻不知道我是如何去運用、掌握這種可以戰勝的陣容佈署。因爲每次戰勝的方法不會一樣，而是順應著各種不同的態勢去不斷變換戰術的緣故。

夫兵形象水，水之形避高而趨下，兵之形避實而擊虛。水因地而制流，兵因敵而制勝。故兵無常勢，水無常形，能因敵變化而取勝者，謂之神。故五行無常勝，四時無常位，日有短長，月有死生。

【譯文】

軍隊態勢的佈署就好像流水一般，流水的動態總是避開高處而流向低處；軍隊態勢的佈署則要避開敵人堅實的地方而攻擊敵人虛弱的地方。流水是依循著地勢的高低來決定流向，軍隊則是根據著敵情的變化來決定致勝的戰術。所以用兵作戰沒有固定不變的陣容佈署，流水也沒有固定不變的動態流向，能夠根據敵情的變化而獲得勝利的，可以說是用兵如神。所以五行相生相剋沒有必然的優劣，四季循環交替沒有那一個是固定不移的，白晝有長有短，月亮也會有陰陽圓缺。

軍爭第七

孫子曰：凡用兵之法，將受命於君，合軍聚眾，交和而舍，莫難於軍爭。軍爭之難者，以迂為直，以患為利。

【譯文】

孫子說：一般用兵作戰的原則，是將帥接受國君的命令，開始去征聚民眾、集合部隊，從組織訓練到敵我兩軍對壘，沒有比爭取有利於己的態勢更困難的。軍隊爭取利己的態勢，之所以困難，是因爲必須把迂迴的彎路當作是筆直的大道，把原本有害於己的禍患變爲於己有利的條件。

故迂其途而誘之以利，後人發，先人至，此知迂直之計者也。軍爭為利，軍爭為危。舉軍而爭利則不及，委軍而爭利則輜重捐。是故卷甲而趨，日夜不處，倍道兼行，百里而爭利，則擒三將軍，勁者先，疲者後，其法十一而至；五十里而爭利，則蹶上將軍，其法半至；三十里而爭利，則三分之二至。是故軍無輜重則亡，無糧食則亡，無委積則亡。故不知諸侯之謀者，不能豫交；不知山林、險阻、沮澤之形者，不能行軍；不用鄉導者，不能得地利。故兵之詐立；以利動，以分合為變者也。故其疾如風，其徐如林，侵掠如火，不動如山，難知如陰，動如雷震。掠鄉分眾，廓地分利，懸權而動。先知迂直之計者勝，此軍爭之法也。

【譯文】

所以要用迂迴繞道的行動，以小利去引誘敵人，雖然比敵人晚出發，卻要比敵人先到達，像這樣就是懂得「以迂爲直」的謀略。軍隊在爭取有利於己的態勢的時候，有獲利的一面，也有危險的一面。全軍攜帶所有的輜重物資想要用「以迂爲直」的謀略去爭取有利態勢，在時間上會來不及，但是假如不攜帶輜重物資，則又會喪失那些輜重物資。因爲這樣，所以部隊就算不穿胄甲的急速前進，日夜不停，加倍行程，到百里之外的地方去作有利的戰鬥佈署，那麼三軍將領可能會遭敵俘虜，由於體力充沛的跑在前面，體弱疲勞的落在後面，用這種方式的結果是到達戰場的只有原來的十分之一的兵力；如果是到五十里外的地方去作有利的戰鬥佈署，則會讓將帥因此受挫，其結果是到達戰場的只有原來一半的兵力；如果是到三十里外的地方法作有利的戰略佈署，其結果是到達戰場的只有原來三分之二的兵力而已。所以軍隊沒有輜重裝備就會無法生存，沒有食糧草秣就會無法生存，沒有蓄儲裝備也無法生存。而不瞭解各國諸侯的眞正謀略，不可以預爲結交；不熟悉山林、險阻、山澤等路勢地形的，不能夠指揮行軍；不能採用嚮導的，沒有辦法運用有利的地形。所以用兵作戰要依賴權謀詭詐才得以成功，根據條件是否有利於己而行動，用部隊的散開與集中作爲戰術策略的變化。因而軍隊行動的迅速像疾風一樣，行動的舒緩像森林一樣，攻擊的抄掠像烈火一樣，駐止的穩固像山岳一樣；隱伏潛密的難測像陰蔽一樣，猛然衝鋒的震撼像雷擊一樣。劫掠鄉邑，化分其民衆；擴張領土，分割其物產；分析衡量其中的利弊得失，再決定行動的方針。誰能先掌握到「以迂爲直」的謀略，就能取得勝利，這就是爭取有利態勢的基本原則。

《軍政》曰：言不相聞，故爲之金鼓。視不相見，故爲之旌旗。夫金鼓旌旗者，所以一人之耳目也。人既專一，則勇者不得獨進，怯者不得獨退，此用衆之法也。故夜戰多金鼓，晝戰多旌旗，所以變人之耳目也。三軍可奪氣，將軍可奪心。是故朝氣銳，晝氣惰，暮氣歸。善用兵者，避其銳氣，擊其惰歸，此治氣者也。以治待亂，以靜待嘩，此治心者也。以近待遠，以佚待勞，以飽待飢，此治力者也。無邀正正之旗，勿擊堂堂之陳，此治變者也。

[譯文]

《軍政》說「在戰場上，指揮者無法用語言傳遞命令，所以設置了金、鼓。

士兵們無法看見指揮的動作，所以設置了旌、旗。」金、鼓、旌、旗，是用來統一全軍將士行動。全軍的行動如果一致，那麼勇敢的士兵就不會單獨挺進，而怯懦的士兵也不會單獨的退卻，這是指揮大部隊的方法。所以夜間作戰以使用金、鼓爲主，白晝作戰以使用旌、旗爲主，所以如此，是爲適應視覺與聽覺間的變化。軍隊，可以使其士氣衰竭；將領，可以使其信心動搖。一般部隊在早晨的時候士氣最旺盛，白晝的時候士氣就逐漸低落，到傍晚的時候士氣就完全衰竭。善於用兵作戰的將帥，要避開敵人士氣旺盛的時候，等到敵人士氣逐漸低落乃至於衰竭的時候，再予以痛擊，這就是掌握軍隊士氣的原則。以自己的嚴整去對付敵人的紊亂，以自己的鎮定去對付敵人的輕躁，這就是掌握軍隊心理的原則。以自己的近便去對付迂遠而來的敵人，以自己的安逸去對付疲勞困頓的敵人，以自己飽食的部隊去對付飢餓的敵人，這是掌握軍隊戰鬥力的原則。不要向旗幟嚴整的敵人挑戰，不要向軍容壯盛的敵人攻擊，這就是掌握戰機變化的原則。

故用兵之法，高陵勿向，背丘勿逆，佯北勿從，銳卒勿攻，餌兵勿食，歸師勿遏，圍師必闕，窮寇勿迫，此用兵之法也。

〔譯文〕

所以用兵作戰的原則是，敵人佔領著高地則不可仰攻，敵人背靠著山丘則不可迎擊，敵人假裝敗退則不可追趕，遇到敵人的精銳部隊則不可貿然攻擊，遇到敵人佯動的誘兵則不要理會，退回國內的敵軍不要去阻攔，包圍敵軍則要留下缺口，陷入絕境的敵人不要過分壓迫，這些都是用兵作戰的原則。

九變第八

孫子曰：凡用兵之法，將受命於君，合軍聚衆，圮地無舍，衢地合交，絕地無留，圍地則謀，死地則戰。途有所不由，軍有所不擊，城有所不攻，地有所不爭，君命有所不受。

〔譯文〕

孫子說：一般用兵作戰的原則，是將帥接受國君的命令，開始去征聚民衆、集合部隊，出征的時候，已經崩塌毀壞的地方不要宿營，經過交通樞紐的地方要四處結交鄰國，遇到難以生存的地方絕不駐留，處在容易被包圍的地方則必須巧設計謀，陷入進退不得的地方則要奮起戰鬥。道路必須有所選擇，有的道路不走；攻擊對象必須有所選擇，有的敵人不打；佔領城池必須有所選擇，有的城池不要進攻；爭奪要地必須有所選擇，有的要地不要爭取；對於國君的指示也要有所選擇，不必刻板的完全接受執行。

故將通於九變之利者，知用兵矣。將不通九變之利，雖知地形，不能得地之利矣，治兵不知九變之術，雖知五利，不能得人之用矣。是故智者之慮必雜於利害。雜於利而務可信也，雜於害而患可解也。是故屈諸侯者以害，役諸侯者以業，趨諸侯者以利。故用兵之法，無恃其不來，恃吾有以待之；無恃其不攻，恃吾有所不可攻也。

【譯文】

因爲將帥要懂得各種隨機應變的靈活手段的好處，才算是眞正知道如何用兵作戰。將帥不能通達運用各種隨機應變手段的好處，就算是熟悉地勢形態，也不能夠憑藉要地獲得對自己有利的條件。統御部隊不能知曉各種隨應變的靈活手段，就算是知道「途、軍、城、地、君命」這五種利害關係，還是無法充分發揮部隊人才的戰力。所以聰明的將帥在考慮問題時，一定會兼顧到利害兩個方面。在不利的情況下要能見到有利的一面，事情才會有所進展；在有利的情況下也要能見到有害的一面，禍患才能順利排除。因此要屈服諸侯，就去傷害他；要役使諸侯，就去生事搔擾；要調動諸侯，就以小利去引誘他。用兵作戰的原則，是不要去仗恃著敵人不來侵犯，而是依靠著我方有足以對付敵人的充分準備；不要仗恃著敵人不來攻擊，而是依靠我方擁有敵人無法攻擊的實力。

故將有五危：必死可殺，必生可虜，忿速可侮，廉潔可辱，愛民可煩。凡此五者，將之過也，用兵之災也。覆軍殺將，必以五危，不可不察也。

〔譯文〕

將帥有五種危險：一味拼死會被誘殺，一味貪生會被俘虜，憤怒急躁會被挑逗，廉潔好名會被侮辱，溺愛民衆會被煩擾。這五種危險，都是將帥可能的過失，也是用兵作戰可能面臨的災害。能導致軍隊覆亡、將帥被殺的原因，必定是這五種危險所引起，絕不能夠不加以深入考察。

行軍第九

孫子曰：凡處軍相敵，絕山依谷，視生處高，戰隆無登，此處山之軍也。絕水必遠水；客絕水而來，勿迎之於水內，令半渡而擊之，利；欲戰者，無附於水而迎客；視生處高，無迎水流，此處水上之軍也。絕斥澤，唯亟去無留；若交軍於斥澤之中，必依水草而背衆樹，此處斥澤之軍也。平陸處易，右背高，前死後生，此處平陸之軍也。凡四軍之利，黃帝之所以勝四帝也。凡軍好高而惡下，貴陽而賤陰，養生處實，軍無百疾，是謂必勝。丘陵堤防，必處其陽而右背之，此兵之利，地之助也。上雨水沫至，欲涉者，待其定也。凡地有絕澗、天井、天牢、天羅、天陷、天隙，必亟去之，勿近也。吾遠之、敵近之。吾迎之，敵背之。軍旁有險阻、潢井、蒹葭、林木、翳薈者，必謹覆索之，此伏奸之所也。

〔譯文〕

孫子說：軍隊駐止和觀測敵情的時候，要注意軍隊：通過山地時必須依傍著谷地，駐紮營地必須居高向陽，與自高處往下攻的敵軍交戰不可攀爬仰攻，這是對於在山地作戰的部隊處置。軍隊渡越水域後必須遠離水流駐紮；敵人渡水前來挑戰，不可以在江河中迎擊，而是等敵人渡到一半、進退兩難時再行攻擊，這樣才會有利；如果想要與敵決戰，不可以緊貼著水邊去迎戰敵人；駐紮營地仍必須居高向陽，不要面對水流，這是對於在水城附近作戰的部隊處置。軍隊穿越碱灘沼澤時必須迅速離去，不可稍留；如果與敵軍在碱灘沼澤地區交戰，一定要依傍著水草之地而背靠著樹林，這是對於在碱灘沼澤地區作戰的部隊處置。軍隊抵達平原地帶，要駐紮在平坦開闊的地方，右側和背後要依托高地，前低後高，這是對於在平原地帶作戰的軍隊處置。掌握對於在山地、水域、碱灘沼澤、平原這四種地形中作戰駐止的軍隊處置原則，其中的得利處，就是黃帝之所以能戰勝青、白、赤、黑等四帝的原因。一般軍隊在駐紮的時候大多喜歡在高地而不喜歡在低窪的地方；重視向陽的區域而排斥陰暗的地方；靠近有水草之利的地方，可以充實軍需，而軍隊不致有流行的疾病發生，像這樣就可以說是有了勝利的保證。遇到丘陵或隄防，一定在駐紮在陽的一面，而右側和背後可以拿丘陵或隄防作爲依托的地方，這些對用兵作戰有利的條件，是利用地形來作爲輔助的。如果上游大雨，洪水奔騰而來，想要涉水通過，一定要等到水流稍稍平穩以後才行。凡是遇到險峻的溪澗、四方高聳如井的地形、環絕如牢的深山、草木綿密如網的林地、陷落難行的泥地、迫狹坎坷的道路，必須迅速離開，不要太過接近。我軍應該遠離這些地形，而讓敵軍去接近。我軍應該面對這些地形，而使敵軍去背對。軍隊駐紮的附近如果是崎嶇多水的地方、積水的小池、水草叢生、樹木林立、植物繁茂可 以屏蔽敵人的區域，務必小心謹愼的反覆搜索，因爲這些地方往往是潛伏奸細的地方。

近而靜者，恃其險也。遠而挑戰者，欲人之進也。其所居易者，利也。衆樹

動者，來也。衆草多障者，疑也。鳥起者，伏也。獸駭者，覆也。塵高而銳者，車來也。卑而廣者，徒來也。散而條達者，樵采也。少而往來者，營軍也。辭卑而益備者，進也。辭強而進驅者，退也。輕車先出居其側者，陳也。無約而請和者，謀也。奔走而陳兵者，期也。半進半退者，誘也。杖而立者，飢也。汲而先飲者，渴也。見利而不進者，勞也。鳥集者，虛也。夜呼者，恐也。軍擾者，將不重也。旌旗動者，亂也。吏怒者，倦也。殺馬肉食者，軍無糧也。懸罐不返其舍者，窮寇也。諄諄翕翕，徐與人言者，先衆也。數賞者，窘也。數罰者，困也。先暴而後畏其衆者，不精之至也。來委謝者，欲休息也。兵怒而相迎，久而不合，又不相去，必謹察之。

【譯文】

敵人向我軍逼近而毫無動靜，是仗恃著險要的地形。敵人與我軍距離遙遠卻前來挑戰，是想要引誘我軍前進。敵人在平坦的區域駐止，是爲了利誘。樹叢枝葉晃動，是敵人潛伏而來。草叢之中設有障礙物，是敵人故佈疑陣。鳥雀驚起，是敵人留有埋伏。野獸駭奔，是敵人大舉突襲。如果路上的泥土痕跡是高而尖，這是敵人的戰車馳來；如果路上的泥土是低而廣，則是敵人的步兵經過；如果路上的塵土散亂而有條紋，那是敵人前去砍伐木柴；如果路上的塵土揚起較少，只有斥候往來的痕跡，那是敵人正在駐紮宿營。敵軍來使的口氣謙遜，卻暗中加緊戰備，是敵軍將要攻擊的跡象。敵軍來使的口氣強硬，又做出要積極前進的姿態，那是敵軍將要撤退的跡象。如果敵軍輕型戰車先出動而位於側翼守候，這是敵軍佈陣的前奏。敵軍尚未受挫卻前來講和，則是另有陰謀。如果敵軍奔走列陣，是集合部隊預備行動。如果敵軍忽前忽後，半進半退，是企圖引誘我軍出陣。當敵人倚靠著武器站立，是飢餓的表現；當敵人打水而自己搶著先喝，是乾渴的表現；當敵人見到好處卻不出兵搶奪，是疲勞的表現。敵軍的營寨集聚鳥雀，表示那是虛設的空營。敵軍有人半夜驚叫，表示敵軍處在恐慌的狀態；敵軍陣營紛亂騷動，表示敵人將帥已經喪失威嚴；敵陣之中旌旗搖晃不齊，表示敵人隊伍混亂。敵人軍吏暴躁易怒，那是因爲倦怠不支；敵人開始屠殺戰馬而吃食馬肉的，是因爲軍中缺少糧食。懸掛飲食器具而不再回到營舍之中的，是敵人陷入絕境、預備拚命。懇切柔弱，低聲下氣的和下屬講話，那是敵人將帥已經失去人心。頻繁不斷的犒賞，是因爲敵軍窘迫無力；頻繁不斷的懲罰，是因爲敵軍困乏急難。開始時態度粗暴，以後卻又畏懼下屬的將帥，是最不精明的。派遣使者來送禮謝罪，是想要休兵停戰。如果敵軍士氣旺盛的前來與我軍對陣；卻又久久不敢交鋒，也不肯撤退，就必須小心謹慎的考察其中企圖。

兵非貴益多，雖無武進，足以並力料敵取人而已。夫唯無慮而易敵者，必擒於人。卒未親附而罰之，則不服，不服則難用。卒已親附而罰不行，則不可用。故令之以文，齊之以武，是謂必取。令素行以教其民，則民服。令不素行以教其民，則民不服。令素行者，與衆相得也。

〔譯文〕

用兵作戰並不是兵員愈多愈好，雖然沒有強大兵力可以攻擊前進，但是能夠集中力量、辨析敵情、爭取部屬的信賴，也就足以獲得勝利。只有那種不會深謀遠慮、而且一味輕敵的，必定會遭敵人擒俘。還沒有取得士兵們的親近擁護就加以處罰，士兵們會心有不服，一旦心有不服就很難用以大任；如果士兵們已經誠心擁護，犯錯而不加以處罰，也不可以用以大任。所以要用懷柔獎勵的方式來團結士兵，用軍紀罰則的規範來整齊士兵，這樣就可以說是一定能取得士兵的尊敬與愛戴。平時就要嚴格貫徹命令來管教士兵，那麼士兵自然能養成服從的習慣；如果平時不嚴格貫徹命令來管教士兵，那麼士兵就會心存僥倖、不服從於命令。平時命令能貫徹執行，表示將帥和士兵們能彼此熟悉、相互信任。

地形第十

孫子曰：地形有通者，有掛者，有支者，有隘者，有險者，有遠者。我可以往，彼可以來，曰通。通形者，先居高陽，利糧道，以戰則利。可以往，難以返，曰掛。掛形者，敵無備，出而勝之；敵若有備，出而不勝，難以返，不利。我出而不利，彼出而不利，曰支。支形者，敵雖利我，我無出也；引而去之，令敵半出而擊之，利。隘形者，我先居之，必盈之以待敵；若敵先居之，盈而勿從，不盈而從之。險形者，我先居之，必居高陽以待敵；若敵先居之，引而去之，勿從也。遠形者，勢均，難以挑戰，戰而不利。凡此六者，地之道也，將之至任，不可不察也。

〔譯文〕

孫子說：地形有「通」、「掛」、「支」、「隘」、「險」、「遠」等六種。我軍可以去而敵軍也可以來的地形，叫做「通」；在通形的區域作戰，要先佔領向陽的高地，保持後勤糧道的暢通，如此則對戰事有利。可以前去卻難以返回的地形，叫做「掛」；在掛形的區域作戰，敵人如果沒有防備，就可以出兵攻擊而獲得勝利；敵人如果有所防備，出兵攻擊又無法獲勝，部隊難以返回，則戰事就十分不利。我軍出擊不利，敵軍出擊也不利的地形，叫做「支」；在支形的區域作戰，雖然敵軍利誘我軍，我軍也不可出擊，要先率軍假裝離開，裝敵軍出動一半以上的兵力時，再回兵攻擊，如此則對戰事有利。在狹窄險要的隘形區域作戰，我軍必須先敵佔領該區域，再佈署兵力封鎖隘口以等待敵軍的到來；如果敵軍先我佔領該區域，並已經佈署兵力控制住隘口，就不要貿然與敵軍交戰；如果敵軍沒有完全控扼住隘口，就可以出兵攻擊。在險峻阻礙的險形區域作戰，我軍必須先敵佔領該區域，而且一定要控制向陽的高地上以等待敵軍的到來；如果敵軍先我佔領該區域，我軍應該引兵撤離，不能發動攻擊。在敵我營壘相距甚遠的遠形區域作戰，如果雙方形勢相同，就不宜前去挑戰，勉強出戰，會不利於戰事。以上六種地形以及戰術的要求，是利用地形的作戰原則，這是將帥的責任所在，不可以不去細心考察。

故兵有走者，有弛者，有陷者，有崩者，有亂者，有北者。此六者，非天地之災，將之過也。夫勢均，以一擊十，曰走；卒強吏弱，曰弛；吏強卒弱，曰陷；大吏怒而不服，遇敵懟而自戰，將不知其能，曰崩；將弱不嚴，教道不明，吏卒無常，陳兵縱橫，曰亂；將不能料敵，以少合眾，以弱擊強，兵無選鋒，曰北。凡此六者，敗之道也，將之至任，不可不察也。

【譯文】

用兵作戰有「走」、「弛」、「陷」、「崩」、「亂」、「北」等六種潰敗的情況。這六種情況，並不是天地自然的災害所造成，而是歸咎於將帥的過失。凡是在勢均力敵的情況下，以一成的兵力去攻擊十成兵力的敵人，這種失敗叫做「走」。士兵強悍而軍吏幹部懦弱，這樣所造成的失敗叫做「弛」。反之，軍吏幹部強悍而士兵懦弱，這樣所造成的失敗叫做「陷」。高級軍官情緒憤恨而不服從指揮，遇到敵人就激動地擅自出擊，將帥又不明白部隊的能力，這樣所造成的失敗叫做「崩」。將帥懦弱，紀律不夠嚴明，治軍章法不夠明確，官兵的關係沒有倫常，陣容佈署混雜錯亂，這樣所造成的失敗叫做「亂」。將帥沒有辦法判斷敵情，以劣勢對抗優勢的敵人，以弱小攻擊強大的敵人，作戰沒有衝鋒前進的部隊，這樣所造成的失敗叫做「北」。以上這六種作戰失利的情況，是用兵遭到潰敗的關鍵原因，這是將帥的責任所在，不可以不去細心考察。

夫地形者，兵之助也。料敵制勝，計險阨遠近，上將之道也。知此而用戰者，必勝，不知此而用戰者，必敗。故戰道必勝，主曰無戰，必戰可也；戰道不勝，主曰必戰，無戰可也。故進不求名，退不避罪，唯民是保，而利於主，國之寶也。

〔譯文〕

地形，是用兵作戰的輔助條件。判斷敵情而奪取勝利，考量算計地形的險易和路途的遠近，這是高明的將帥所要把握的作戰方法。知道這些方法去指揮作戰的將帥，一定會獲得勝利；如果不知道用這些方法去指揮作戰的將帥，一定會遭到挫敗。所以在戰略的分析上有致勝的把握，雖然國君要求不要作戰，則仍然可以堅持作戰下去；如果在戰略分析上沒有致勝的把握，雖然國君要求非作戰不可，則仍然可以決定不戰。因此，進不貪求戰勝的名譽，退不回避抗命的罪責，只求保全人民的福祉，以及符合國君的利益，這樣的將帥可以算是國家的珍寶。

視卒如嬰兒，故可與之赴深溪，視卒如愛子，故可與之俱死。愛而不能令，厚而不能使，亂而不能治，譬如驕子，不可用也。

〔譯文〕

對待士兵像愛護嬰兒一樣，所以士兵會跟隨著共赴危難。對待士兵像自己的孩子一樣，所以士兵會跟隨著同生共死。對士兵溺愛卻不能指揮他，對士兵寬厚卻無法統御，士兵們混亂違法卻不能加以治理，就像家裡驕寵慣了的子女一樣，是沒有辦法用來作戰的。

知吾卒之可以擊，而不知敵之不可擊，勝之半也。知敵之可擊，而不知吾卒之不可以擊，勝之半也。知敵之可擊，知吾卒之可以擊，而不知地形之不可以戰，勝之半也。故知兵者，動而不迷，舉而不窮。故曰：知彼知己，勝乃不殆。知天知地，勝乃可全。

〔譯文〕

知道自己的部隊可以用來攻擊，卻不知道敵人的不可攻擊，這樣勝利的可能只有一半。知道敵人的可以攻擊，卻不知道自己的部隊無法採取攻擊，這樣勝利的可能也只有一半。就算知道敵人是可以攻擊的，也知道自己的部隊有能力去攻擊，但是卻不瞭解地形是不利於我軍作戰的，這樣勝利的可能還是只有一半。所以懂得用兵作戰的將帥，決定行動以後絕不會迷惑慌亂，各種戰術措施變化無窮無盡。所以說：瞭解敵人，並且瞭解自己，爭取勝利就不會有危險。懂得天時，懂得地利，勝利才可以保全。

九地第十一

孫子曰：用兵之法，有散地，有輕地，有爭地，有交地，有衢地，有重地，有圮地，有圍地，有死地。諸侯自戰其地者，為散地。入人之地不深者，為輕地。我得亦利，彼得亦利者，為爭地。我可以往，彼可以來者，為交地。諸侯之地三屬，先至而得天下之衆者，為衢地。入人之地深，背城邑多者，為重地。山林、險阻、沮澤，凡難行之道者，為圮地。所由入者隘，所從歸者迂，彼寡可以擊吾之衆者，為圍地。疾戰則存，不疾戰則亡者，為死地。是故散地則無戰，輕地則無止，爭地則無攻，交地則無絕，衢地則合交，重地則掠，圮地則行，圍地則謀，死地則戰。

〔譯文〕

孫子說：用兵作戰的原則，在兵要地理上可以分作「散地」、「輕地」、「爭地」、「交地」、「衢地」、「重地」、「圮地」、「圍地」、「死地」等九種。諸侯在自己本國境內作戰的區域，叫做「散地」。進入敵國境內作戰而縱深較淺的區域，叫做「輕地」。我軍獲利而敵軍也可以獲利的區域，叫做「爭地」。我軍可以前往，而敵軍也可以來的區域，叫做「交地」。多國領土的接壤交界處，先到達的部隊可以得各國諸侯支援的區域，叫做「衢地」。深入敵國境內作戰而縱深較長，背靠著敵人衆多城池的區域，叫做「重地」。有山丘樹林、險峻要地、沼澤淺灘等難以通行的區域，統稱之爲「圮地」。進入的地方狹窄，而退出的道路迂迴，敵軍只需要用少數的部隊就可以攻擊我軍的大隊兵馬的區域，叫做「圍地」。迅速奮勇作戰才能夠生存，無法迅速奮勇作戰就會敗亡的區域，叫做「死地」。所以在散地不宜作戰，在輕地不可駐留，在爭地不應主動攻擊，在交地行動不能夠斷絕，在衢地必須四處結交諸侯，在重地則要掠奪各種物資，在圮地應該快速通過，在圍地要運用謀略，在死地則只能奮力一搏，拚命作戰。

古之善用兵者，能使敵人前後不相及，衆寡不相恃，貴賤不相救，上下不相收，卒離而不集，兵合而不齊。合於利而動，不合於利而止。敢問：敵衆整而將來，待之若何？曰：先奪其所愛，則聽矣。兵之情主速，乘人之不及，由不虞之道，攻其所不戒也。

「譯文」

古代善於用兵作戰的將帥，能夠讓敵人的部隊前後無法呼應，主力部隊與分支部隊無法相互依靠，官兵無法彼此救援，上下建制也無法聯繫，士兵分散而不能集中，各股兵力相合也不能整齊。只有對我軍有利時，才開始行動，一旦對我軍不利時，就立刻停止。試問：如果敵軍人數衆多，而且陣容整齊的向我軍攻來，應該如何去應付呢？答案是：先去攻奪敵軍的要害，就能使敵軍任我擺佈。用兵作戰的訣竅，主要是在於迅速，把握敵人措手不及的時間，走敵人料想不到的途徑，去攻擊敵人沒有戒備的地方。

凡為客之道，深入則專，主人不克；掠於饒野，三軍足食；謹養而勿勞，並氣積力；運兵計謀，為不可測。

【譯文】

一般進入敵國作戰的法則是，愈深入敵境，軍心士氣會愈專一牢固，敵人就愈不能戰勝我軍；在敵人物產富饒的田野中劫掠，則我軍的糧秣補給就會充足；注意軍隊的休整與保養，不要使之過於勞累，鼓舞士氣，養精蓄銳；佈署兵力，策訂計謀，令敵人難以揣度我軍企圖。

投之無所往，死且不北，死焉不得，士人盡之。兵士甚陷則不懼，無所往則固，入深則拘，不得已則斗。是故其兵不修而戒，不求而得，不約而親，不令而信，禁祥去疑，至死無所之。

【譯文】

讓部隊處在一個無路可走的絕境，士兵們就會寧可戰死也不願敗北，而既然士兵們都寧死不退，自然竭盡所能的奮戰不懈，士兵們深陷困境，就會無所畏懼，因爲無路可走，軍心反而穩固，深人敵境，部隊受到拘束就不會散亂，在這種迫不得已的情況下，部隊就會竭力戰鬥。所以像這樣的軍隊，即使不加以訓練，也會自然戒備起來；即使不去命令要求，也自然會完成任務；即使不用軍紀約束，也自然會親附擁戴；即使不去下令懲處，也自然會遵守紀律；禁止迷信傳說，去除部隊不必要的疑慮，這樣士兵們就是戰死也不會逃避。

吾士無余財，非惡貨也；無余命，非惡壽也。令發之日，士卒坐者涕沾襟，偃臥者涕交頤，投之無所往，諸、劌之勇也。故善用兵者，譬如率然。率然者，常山之蛇也，擊其首則尾至，擊其尾則首至，擊其中則首尾俱至。敢問可使如率然乎？曰可。夫吳人與越人相惡也，當其同舟濟而遇風，其相救也，如左右手。是故方馬埋輪，未足恃也。齊勇若一，政之道也，剛柔皆得，地之理也。故善用兵者，攜手若使一人，不得已也。

【譯文】

我軍士兵沒有多餘的錢財，並不是不喜歡財貨；不貪生怕死，也並不是不希望長壽百歲。當作戰命令下達的時候，士兵們坐著的涕泣流淚沾濕了衣襟，躺臥著的淚水縱橫在臉上，但是讓他們處在無路可走的絕境中，他們就會像專諸、曹劌一樣的勇敢。所以善於用兵作戰的將帥，能使部隊像率然蛇一般。「率然」是常山的一種蛇，牠的習性是攻擊牠的頭部，尾巴就會過來救應，攻擊牠的尾巴，頭部也會過來救應，如果攻擊牠的腰身，則頭部、尾巴都會一起過來救應。試問：能夠讓部隊像率然蛇一樣嗎？答案是可以的。吳國人和越國人是相互仇恨的，但是當他們同乘一條船渡水，遇到大風浪時，他們也會彼此救援，就像一個人的左右手。所以縛緊戰馬、掩埋車輪，仍然是不可靠的。要使部隊能齊力勇敢，一心一德，需要把握領導統御的原則；而兼顧到地形剛柔的利用，則必須掌握作戰環境的合宜。因此善於用兵作戰的將帥，能使軍隊攜手團結成爲一體，那是由於形勢上讓部隊不得不如此。

將軍之事，靜以幽，正以治。能愚士卒之耳目，使之無知。易其事，革其

謀，使人無識。易其居，迂其途，使人不得慮。帥與之期，如登高而去其梯；帥與之深入諸侯之地，而發其機，若驅群羊，驅而往，驅而來，莫知所之。聚三軍之衆，投之於險，此將軍之事也。

【譯文】

統率軍隊的修爲，必須是冷靜沈穩而幽邃難料，治軍嚴明而有條理。能夠蒙蔽士兵們的視聽，使他們無法完全瞭解部隊的行動與狀況。變換行事的安排，更改謀略的計劃，使衆人難以洞悉其中的關鍵。經常改換營地，迂迴行進的路途，使衆人不能猜測眞正的意圖所在。將帥賦予部屬會戰的時間限制，必須有像攀爬高處後抽去梯階的決心；將帥命令部隊深入敵國境內作戰，到達戰場以後才披露意圖，率領軍隊像驅策羊群一般，趕著前往，又趕著過來，而部隊都還不明其所以然。集合所有的部隊，將他們投入危疑而能夠自我警惕的境地，這就是統率軍隊所必須的修爲和要務。

九地之變，屈伸之利，人情之理，不可不察也。

【譯文】

這九種地形的不同處置方式，變通運用的利弊得失，以及部隊的各種心理狀態與情緒反應，是將帥所不能不去細心考察的。

凡爲客之道，深則專，淺則散。去國越境而師者，絕地也。四通者，衢地也。入深者，重地也。入淺者，輕地也。背固前隘者，圍地也。無所往者，死地者。

【譯文】

一般進入敵境作戰的原則是，進入的縱深愈深，則軍心愈是專一穩固；進入的縱深愈淺，則軍心愈容易崩潰渙散。離開自己國土，越過邊境去作戰的區域，就是「絕地」，交通方便，四通八達的區域，就是「衢地」。深入敵境的區域，就是「重地」。進入敵境較淺的區域是「輕地」。背後地形險固而前方狹窄的區域，就是「圍地」。無路可走的區域，就是「死地」。

是故散地吾將一其志，輕地吾將使之屬，爭地吾將趨其後，交地吾將謹其守，衢地吾將固其結，重地吾將繼其食，圮地吾將進其途，圍地吾將塞其闕，死地吾將示之以不活。

〔譯文〕

所以在散地上，身爲將帥應該統一部隊的意志，在輕地上應該設法使部隊行列連續不斷，在爭地上應該使後方部隊迅速跟進，在交地上應該謹慎防禦，在衢地上應該鞏固與鄰國的交誼，在重地上應該補給後勤糧秣，在圮地上應該快速通過，在圍地上應該以重兵阻塞於隘口，在死地上應該要表明拼死一戰的決心。

故兵之情，圍則御，不得已則鬥，過則從。

〔譯文〕

所以士兵們的心理反應是，被包圍時就極力防禦，情勢危急、迫不得已時就竭力戰鬥，陷敵太深時就會一切聽從命令。

是故不知諸侯之謀者，不能豫交；不知山林、險阻、沮澤之形者，不能行軍；不用鄉導者，不能得地利。四五者，一不知，非霸王之兵也。夫霸王之兵，伐大國，則其衆不得聚；威加於敵，則其交不得合。是故不爭天下之交，不養天下之權，信己之私，威加於敵。故其城可拔，其國可隳。

〔譯文〕

因此不知道其他諸侯的謀略計劃，不能預先與他交往；不熟悉山丘樹林，險要阻礙、淺灘沼澤等地形，不能指揮行軍；不會運用嚮導，不能獲得有利的地形。在這幾個方面，只要有其中一件沒有考慮到，就算不上是雄霸天下的王者之師。凡是雄霸天下的王者之師，攻伐大國時，能使對方來不及動員民衆；威力施加於敵國，能使對方的軍事盟友無法前來呼應。所以不必急著去與諸侯列國結交，也不必刻意去培養自己在諸侯列國面前的權威，只要憑恃著自己的實力，把威力施壓於敵人，則敵城可以被我軍攻佔，敵國也可以被我軍摧毀。

施無法之賞，懸無政之令，犯三軍之衆，若使一人。犯之以事，勿告以言；犯之以利，勿告以害。投之亡地然後存，陷之死地然後生，夫衆陷於害，然後能為勝敗。

〔譯文〕

施行超出規定之外的獎賞，頒佈超出律法的命令，約束全軍的官兵，就像指揮一個人。用任務去加以約束，而不必說明意圖；用利益去加以約束，而不必說明其中的禍害。將部隊投置在危機四伏的絕境，然後才能轉危爲安；將部隊深陷於無路可走的死地，然後才能轉死爲生。讓部隊陷於困境之中，然後才能決定勝負。

故爲兵之事，在順詳敵之意，並敵一向，千里殺將，是謂巧能成事。是故政舉之日，夷關折符，無通其使，厲於廊廟之上，以誅其事。敵人開闔，必亟入之。先其所愛，微與之期。踐墨隨敵，以決戰事。是故始如處女，敵人開戶；後如脫兔，敵不及拒。

〔譯文〕

所以指揮軍隊作戰，在於仔細考慮敵人的戰略意圖，根據敵軍的運動方向而行動，出兵千里之外而能襲殺敵軍主將，這就是所謂的巧妙用兵來獲取勝利。因此決定出兵的時候，要封鎖關口，摧毀符節，不讓敵國使者通行，在廊廟之上戮力策劃謀略，來決定戰事的任務。敵人一旦出現漏失，要能積極主動的乘機而入。先奪取敵人的要害所在，並且隱密與敵會戰的時間。破除常規，因敵的變化而變化，以決定戰爭的謀略。所以當戰爭剛開始的時候，要像未出嫁的少女一樣安靜沈穩，等待敵人露出破綻；戰爭開始以後，要像逃脫的兔子一樣快速狂猛，使敵人來不及抗拒。

火攻第十二

孫子曰：凡火攻有五：一曰火人，二曰火積，三曰火輜，四曰火庫，五曰火隊。

［譯文］

孫子說：一般火攻的形式有五種，一是焚燒敵軍部隊，二是焚燒敵軍物資，三是焚燒敵軍輜重，四是焚燒敵軍倉庫，五是焚燒敵軍行進路線。

行火必有因，煙火必素具。發火有時，起火有日。時者，天之燥也。日者，月在箕、壁、翼、軫也。凡此四宿者，風起之日也。凡火攻，必因五火之變而應之。火發於內，則早應之於外。火發而其兵靜者，待而勿攻，極其火力，可從而從之，不可從則止。火可發於外，無待於內，以時發之。火發上風，無攻下風，晝風久，夜風止。凡軍必知五火之變，以數守之。

【譯文】

以火攻擊必須有一定的條件，而這些條件必須是平時就已經具備的。點火要選擇時間，起火也要選擇日期。時間指的是氣候乾燥的時候；日期指的是月亮經過箕、壁、翼、軫四個星宿的時候。月亮經過箕、壁、翼、軫四個星宿的時候，就是起風助火的日期。只要是以火進攻，必定要根據這五種形式加以變化配合，調派兵力。如果從敵軍營舍之內放火，就要預先派遣部隊在外面接應。如果火勢已經蔓延，而敵軍仍然沈著鎮定，必須冷靜守候，不要貿然進攻，等到火勢旺盛之際，再根據實際情況決定，能攻則攻，不能進攻就先停止下來。也可以由敵軍營舍外面放火，這時就不必等待內應，只要適時放火攻擊就可以。在上風的地方放火時，不可以由下風的地方展開攻勢。而那一種狀況是，白天的風括久了，夜晚時候風就容易停止。軍隊務必瞭解這五種火攻形式的變化，加以靈活運用，等到火攻的時日條件具備，再行攻擊。

故以火佐攻者明，以水佐攻者强。水可以絕，不可以奪。

〔譯文〕

用火攻的手段來輔助攻勢的進行，效果是顯著的，用水攻的手段來輔助攻勢的進行，攻勢是會增強。但是水攻只能將敵軍隔絕，而無法毀滅敵軍的輜重物資。

夫戰勝攻取而不修其功者凶，命曰費留。故曰：明主慮之，良將修之。非利不動，非得不用，非危不戰。主不可怒而興師，將不可以慍而致戰。合於利而動，不合於利而止。怒可以復喜，慍可以復悅，亡國不可以復存，死者不可以復生。故明主愼之，良將警之，此安國全軍之道也。

【譯文】

戰勝而奪取城池，卻不能鞏固戰果，是十分危險的，這種耗費財力、滯留軍隊的情況，叫做「費留」。所以說：英明的君主要謹慎的考慮，而優秀的將帥細心的處理。沒有利益的話，絕不採取行動；沒有所得的話，絕不動用軍隊，沒有危險的話，絕不輕言開戰。國君不可以因爲一時的憤怒而去發動戰爭，將帥不可以因爲一時氣憤而出兵求戰。符合本國利益才行動，不符合本國利益的話，就停止。因爲一時的憤怒可以重新變爲歡喜，一時的氣憤可以重新變爲愉悅，但是國家滅亡了，卻無法再重新恢復。所以英明的君主一定要謹慎，優秀的將帥一定要警惕，這是安定國家、保全軍隊的原則。

用間第十三

孫子曰：凡興師十萬，出征千里，百姓之費，公家之奉，日費千金，內外騷動，怠於道路，不得操事者，七十萬家。相守數年，以爭一日之勝，而愛爵祿百金，不知敵之情者，不仁之至也，非人之將也，非主之佐也，非勝之主也。故明君賢將，所以動而勝人，成功出於衆者，先知也。先知者，不可取於鬼神，不可象於事，不可驗於度，必取於人，知敵之情者也。

【譯文】

孫子說：一般動員十萬人的軍隊，出征到千里之外，平民百姓的耗費，國家機關的財政開支，一天要花費千金鉅資，國境內外動盪不安，運輸物資奔波疲憊，不能正常操持生計的家庭，多達七十萬戶。如果戰爭膠著，兩軍相持數年之久，只爲了爭奪決戰的最後勝利，卻吝惜爵祿錢財，不肯去收買利用間諜以探知敵情，這眞是毫無仁愛之心，根本沒有資格作爲軍隊的將帥，更沒有資格作爲國君的佐臣，像這種人絕對不會是戰爭的勝利者。所以英明的君主、優秀的將帥，之所以能夠一採取行動就戰勝敵人，成就功業超越一般人，完全是因爲能夠預先獲知敵情的緣故。要預先獲知敵情，不是去祈求鬼神告知，也不是從數象徵候的占卜得知，更不是從天象日月的運行來驗知，而是必定要取決於人的運用——熟悉敵人活動情況的間諜的密報。

故用間有五：有因間，有內間，有反間，有死間，有生間。五間俱起，莫知其道，是謂神紀，人君之寶也。因間者，因其鄉人而用之。內間者，因其官人而用之。反間者，因其敵間而用之。死間者，為誑事於外，令吾間知之，而傳於敵間也。生間者，反報也。

〔譯文〕

運用間諜的方式有五種：有「因間」、「內間」、「反間」、「死間」、「生間」。這五種形式的間諜一起運用，使敵人無法瞭解其中的規律奧妙，就可以說是破敵致勝的法寶。所謂的「因間」是利用敵國的平民百姓作爲間諜。所謂的「內間」，是利用敵國的政府官吏作爲間諜。所謂的「反間」，是利用敵國派來的間諜作爲我方的間諜。所謂的「死間」，是故意把假情報傳到外面，讓我方間諜得知，再傳給敵國的間諜。所謂的「生間」是送情報回國內的間諜。

故三軍之事，莫親於間，賞莫厚於間，事莫密於間。非聖智不能用間，非仁義不能使間，非微妙不能得間之實。微哉微哉，無所不用間也。間事未發而先聞者，間與所告者皆死。凡軍之所欲擊，城之所欲攻，人之所欲殺，必先知其守將、左右、謁者、門者、舍人之姓名，令吾間必索知之。必索敵間之來間我者，因而利之，導而舍之，故反間可得而用也。因是而知之，故鄉間內間可得而使也。因是而知之，故死間為誑事，可使告敵。因是而知之，故生間可使如期。五間之事，主必知之，知之必在於反間，故反間不可不厚也。

〔譯文〕

所以在軍事行動中，與將帥的關係沒有比間諜更親近的，賞賜也沒有間諜更豐厚的，事情也沒有間諜更密秘的。不是具備聖德智慧的將帥不會懂得運用間諜，不是具備仁義之心的將帥，不會懂得指揮間諜，不是心思細密、手段巧妙的將帥，無法判斷間諜所得情報的虛實。這是十分微妙的，無時無地是不可以運用間諜的。在派遣間諜的計劃尚未實施，就已經預先洩漏消息的話，那麼間諜和知道計劃的人，都要處死。舉凡我軍所要攻擊的敵軍情況，所要佔領的敵城虛實，所要刺殺的對象，都一定要先打聽他們的駐守將領、左右近臣、掌管傳達的官吏、守門的人、以及門客幕僚等人的姓名，命令我方間諜務必偵察得知。一定要搜索敵方派來刺探我方情報的間諜，再加以收買利用，誘導之後放回敵國，這樣才有辦法獲得並運用「反間」法。透過反間來探知敵情，這樣鄉間（因間）、內間就可以因此而順利安排、利用。透過反間來探知敵情，這樣死間才可以傳出假情報，報告給敵方。透過反間來探知敵情，這樣生間才可以按預定時間回報情報。上述這五種運用間諜的方式，國君將帥一定要能夠掌握、熟悉，知道間諜運用的關鍵在於反間，所以對反間的待遇不能不給予優厚。

昔殷之興也，伊摯在夏；周之興也，呂牙在殷。故明君賢將，能以上智為間者，必成大功。此兵之要，三軍所恃而動也。

［譯文］

從前商朝之所以興起，是由於伊摯曾經在夏朝爲間；周朝之所以興起，是因爲姜子牙曾經在商朝爲間。所以英明的國君和優秀的將領，要能任用聰明絕頂的人做爲間諜，必定建樹大功大業。這是用兵作戰最重要的一環，而整個部隊也都要依靠著間諜提供的情報來決定軍事行動。

後記

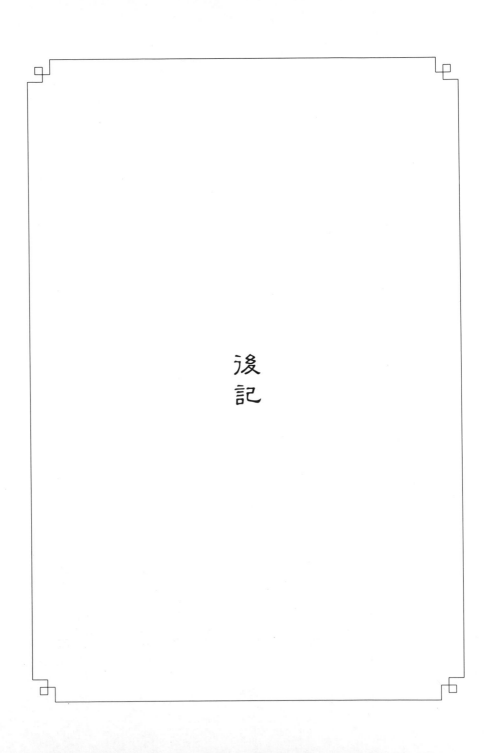

去年夏，揚智出版社揚帆先生來電話，約我寫一本關於孫子的書。我當即敬謝不敏，因爲我於中國古代思想史涉獵極少，對軍事學說更素無研究。但揚帆先生說：這書無需寫成一理論專著，這些已寫得太多了；只重在寫出對孫子思想歷史與人生內涵及個人的感受與見解。書的內容可以自由一些，不脫離孫子，不囿於孫子，闡發乃至個人體驗，儘量生活化一些；文體類隨筆，語言要樸實。他的這些說法與我寫文章的心願正好一拍即合，而且我也確實有想了解孫子的衝動，於是便不無唐突地貿然應承了。

歷史人物見諸史料典籍，無非言與行。在「行」方面，史書對孫子記載不多，且語焉不詳；而在「言」的方面，他卻留給我們一部完整的《孫子兵法》。所以這本小書自然地圍繞孫子的思想而展開。這位古代聖賢能在今天成爲一個理論焦點，無疑是因爲他的思想對現實社會仍有一種燭照作用；說實話，我既爲孫子去寫孫子，更爲現實人生寫孫子，所以這本書書名爲《孫子的人生哲學——謀略人生》（這書名是由揚帆先生敲定的）。

當此書完稿擱筆，我不由自主地浮現出一縷困惑：尊敬的讀者會認可我筆下的孫子及其韜略人生嗎？我不知道。我很不安。唯一可以自慰的是，我確實寫了我的某些眞實感受和想法。因此，儘管我深知自己見識有限、書中疏漏繁多，卻還是不揣淺陋，將它奉呈給社會。我期待廣大讀者和專家的批評指正。

在撰寫此書的過程中，揚帆先生無論在思想觀點還是在語言表達方面，均提出了許多寶貴的意見，使我得益非淺。在此謹表謝忱。

熊忠武

孫子的人生哲學—謀略人生　　中國人生叢書 19

著　　者／熊忠武
附錄譯者／鍾宗憲
出 版 者／揚智文化事業股份有限公司
發 行 人／葉忠賢
責任編輯／賴筱彌
執行編輯／陶明潔
地　　址／台北市新生南路三段 88 號 5 樓之 6
電　　話／(02)2366-0309　2366-0313
傳　　真／(02)2366-0310
登 記 證／局版北市業字第 1117 號
印　　刷／偉勵彩色印刷股份有限公司
法律顧問／北辰著作權事務所　蕭雄淋律師
初版五刷／2001 年 5 月
定　　價／新臺幣：250 元

本書如有缺頁、破損、裝訂錯誤，請寄回更換
ISBN／957-9272-75-1

E-mail　：tn605541@ms6.tisnet.net.tw
網址：http：//www.ycrc.com.tw

國家圖書館出版品預行編目資料

孫子的人生哲學：謀略人生／熊忠武著. －－初版.
－－臺北市：揚智文化，1996〔民85〕
面；公分. －－（中國人生叢書；19）
ISBN 957－9272－75－1（平裝）

1.（周）孫臏－學術思想－軍事　2.戰略

592.092　　　　85008201

□揚智文化事業股份有限公司 □生智文化事業有限公司

謝謝您購買這本書。

爲加強對讀者的服務，請您詳細填寫本卡各欄資料，投入郵筒寄回給我們(免貼郵票)。

E-mail:tn605541@ms6.tisnet.net.tw

網 址:http://www.ycrc.com.tw

（歡迎上網查詢新書資訊，免費加入會員享受購書優惠折扣）

您購買的書名：________________________

姓　　名：__________

性　　別：□男　□女

生　　日：西元______年____月____日

TEL：(　　)__________　　FAX：(　　)__________

E-mail：請填寫以方便提供最新書訊

____

專業領域：________________________

職　　業：□製造業　□銷售業　□金融業　□資訊業

□學生　□大眾傳播　□自由業　□服務業

□軍警　□公　□教　□其他______

您通常以何種方式購書?

□逛 書 店　□劃撥郵購　□電話訂購　□傳真訂購

□團體訂購　□網路訂購　□其他______

✎對我們的建議：

106-

台北市新生南路3段88號5F之6

揚智文化事業股份有限公司　收

地址：

縣　市

市區　鄉鎮

路（街）段巷弄號樓

（請用阿拉伯數字書寫郵遞區號）